象山海盐晒制技艺

象山海盐晒制技艺

总主编 金兴盛

浙江省非物质文化遗产代表作丛书

浙江摄影出版社

张利民 编著

浙江省非物质文化遗产代表作
丛书编委会

总　序

中共浙江省委书记
省人大常委会主任　夏宝龙

　　非物质文化遗产是人类历史文明的宝贵记忆,是民族精神文化的显著标识,也是人民群众非凡创造力的重要结晶。保护和传承好非物质文化遗产,对于建设中华民族共同的精神家园、继承和弘扬中华民族优秀传统文化、实现人类文明延续具有重要意义。

　　浙江作为华夏文明发祥地之一,人杰地灵,人文荟萃,创造了悠久璀璨的历史文化,既有珍贵的物质文化遗产,也有同样值得珍视的非物质文化遗产。她们博大精深,丰富多彩,形式多样,蔚为壮观,千百年来薪火相传,生生不息。这些非物质文化遗产是浙江源远流长的优秀历史文化的积淀,是浙江人民引以自豪的宝贵文化财富,彰显了浙江地域文化、精神内涵和道德传统,在中华优秀历史文明中熠熠生辉。

　　人民创造非物质文化遗产,非物质文化遗产属于人民。为传承我们的文化血脉,维护共有的精神家园,造福子孙后代,我们有责任进一步保护好、传承好、弘扬好非物质文化遗产。这不仅是一种文化自觉，是对人民文化创造者的尊重，更是我们必须担当和完成好的历史使命。对我省列入国家级非物质文化遗产保护名录的项目一项一册，编纂"浙江省非物质文化遗产代表作丛书"，就是履行保护传承使命的具体实践，功在当代，惠及后世，有利于群众了解过去，以史为鉴，对优秀传统文化更加自珍、自爱、自觉；有利于我们面向未来，砥砺勇气，以自强不息的精神，加快富民强省的步伐。

党的十七届六中全会指出，要建设优秀传统文化传承体系，维护民族文化基本元素，抓好非物质文化遗产保护传承，共同弘扬中华优秀传统文化，建设中华民族共有的精神家园。这为非物质文化遗产保护工作指明了方向。我们要按照"保护为主、抢救第一、合理利用、传承发展"的方针，继续推动浙江非物质文化遗产保护事业，与社会各方共同努力，传承好、弘扬好我省非物质文化遗产，为增强浙江文化软实力、推动浙江文化大发展大繁荣作出贡献！

（本序是夏宝龙同志任浙江省人民政府省长时所作）

前 言

浙江省文化厅厅长 金兴盛

国务院已先后公布了三批国家级非物质文化遗产名录,我省荣获"三连冠"。国家级非物质文化遗产项目,具有重要的历史、文化、科学价值,具有典型性和代表性,是我们民族文化的基因、民族智慧的象征、民族精神的结晶,是历史文化的活化石,也是人类文化创造力的历史见证和人类文化多样性的生动展现。

为了保护好我省这些珍贵的文化资源,充分展示其独特的魅力,激发全社会参与"非遗"保护的文化自觉,自2007年始,浙江省文化厅、浙江省财政厅联合组织编撰"浙江省非物质文化遗产代表作丛书"。这套以浙江的国家级非物质文化遗产名录项目为内容的大型丛书,为每个"国遗"项目单独设卷,进行生动而全面的介绍,分期分批编撰出版。这套丛书力求体现知识性、可读性和史料性,兼具学术性。通过这一形式,对我省"国遗"项目进行系统的整理和记录,进行普及和宣传;通过这套丛书,可以对我省入选"国遗"的项目有一个透彻的认识和全面的了解。做好优秀传统文化的宣传推广，为弘扬中华优秀传统文化贡献一份力量，这是我们编撰这套丛书的初衷。

地域的文化差异和历史发展进程中的文化变迁，造就了形形色色、别致多样的非物质文化遗产。譬如穿越时空的水乡社戏，流传不绝的绍剧，声声入情的畲族民歌，活灵活现的平阳木偶戏，奇雄慧黠的永康九狮图，淳朴天然的浦江麦秆剪贴，如玉温润的黄岩翻簧竹雕，情深意长的双林绫绢织造技艺，一唱三叹的四明南词，意境悠远的浙派古琴，唯美清扬的临海词调，轻舞飞扬的青田鱼灯，势如奔雷的余杭滚灯，风情浓郁的畲族三月三，岁月留痕的绍兴石桥营造技艺，等等，这些中华文化符号就在我们身边，可以感知，可以赞美，可以惊叹。这些令人叹为观止的丰厚的文化遗产，经历了漫长的岁月，承载着五千年的历史文明，逐渐沉淀成为中华民族的精神性格和气质中不可替代的文化传统，并且深深地融入中华民族的精神血脉之中，积淀并润泽着当代民众和子孙后代的精神家园。

岁月更迭，物换星移。非物质文化遗产的璀璨绚丽，并不意味着它们会永远存在下去。随着经济全球化趋势的加快，非物质文化遗产的生存环境不断受到威胁，许多非物质文化遗产已经斑驳和脆弱，假如这个传承链在某个环节中断，它们也将随风飘逝。尊重历史，珍爱先人的创造，保护好、继承好、弘扬好人民群众的天才创造，传承和发展祖国的优秀文化传统，在今天显得如此迫切，如此重要，如此有意义。

非物质文化遗产所蕴含着的特有的精神价值、思维方式和创造能力，以一种无形的方式承续着中华文化之魂。浙江共有国家级非物质文化遗产项目187项，成为我国非物质文化遗产体系中不可或缺的重要内容。第一批"国遗"44个项目已全部出书；此次编撰出版的第二批"国遗"85个项目，是对原有工作的一种延续，将于2014年初全部出版；我们已部署第三批"国遗"58个项目的编撰出版工作。这项堪称工程浩大的工作，是我省"非遗"保护事业不断向纵深推进的标识之一，也是我省全面推进"国遗"项目保护的重要举措。出版这套丛书，是延续浙江历史人文脉络、推进文化强省建设的需要，也是建设社会主义核心价值体系的需要。

在浙江省委、省政府的高度重视下，我省坚持依法保护和科学保护，长远规划、分步实施，点面结合、讲求实效。以国家级项目保护为重点，以濒危项目保护为优先，以代表性传承人保护为核心，以文化传承发展为目标，采取有力措施，使非物质文化遗产在全社会得到确认、尊重和弘扬。由政府主导的这项宏伟事业，特别需要社会各界的携手参与，尤其需要学术理论界的关心与指导，上下同心，各方协力，共同担负起保护"非遗"的崇高责任。我省"非遗"事业蓬勃开展，呈现出一派兴旺的景象。

"非遗"事业已十年。十年追梦，十年变化，我们从一点一滴做起，一步一个脚印地前行。我省在不断推进"非遗"保护的进程中，守护着历史的光辉。未来十年"非遗"前行路，我们将坚守历史和时代赋予我们的光荣而艰巨的使命，再坚持，再努力，为促进"两富"现代化浙江建设，建设文化强省，续写中华文明的灿烂篇章作出积极贡献！

2013年11月20日

目录

序言 // PREFACE

　　"八政以食货为先，盐居食货之一"[1]，"天下之赋，盐利居半"[2]。盐为"食者之将"，历来是关系国计民生的特殊商品，在历史上曾起到过十分重要的作用，推动了社会、经济、贸易、文化、科技的发展。据统计，古代有1.8万种产品与盐有关。[3]因此，历朝历代政府都对盐业生产实行严格的专营管制。从某种意义上说，盐业生产历史就是人类社会发展历史的一个侧影。盐在满足人类物质需求的同时，也形成了丰富的非物质文化，包含信仰、习俗、礼仪、宗教、语言、传说、文艺等诸多方面，而晒制海盐的技艺，就是重要的非物质文化遗产之一。

　　国家十分重视对非物质文化遗产的保护和传承，2005年始，象山县文化部门着手进行广泛的非物质文化的田野调查，获得了大批

[1]　转引自《雍正浙江通志》"关于盐法部分"。

[2]　《新唐书·食货志》。

[3]　《宁波盐志·序二》，宁波出版社，2009年。

资料，海盐晒制技艺作为一种生产技艺呈现在人们面前。

象山地处浙东，有丰富的海水资源；隶属宁波，而宁波是浙江重点产盐区，早在春秋时期就有海盐生产的记载[1]，有十分悠久的盐业生产历史。象山于北宋政和四年（1114）建玉泉盐场，一直延续至

"象山海盐晒制"参加浙江省非物质文化遗产展览

[1] 《越绝书·卷八》："朱余者，越盐官也，越人谓盐曰余。"

民国三十四年（1945），长亭场并入玉泉场，范围扩大到横跨象山、宁海、三门三县[1]。新中国成立后，1950年1月，浙江省人民政府划定象山盐区为区级盐特区。1950年6月，撤玉泉场中心区，成立浙江省盐务管理局象山盐场管理处。象山玉泉场历宋、元、明、清、民国、新中国共836年，终结了它的历史使命。如今象山县档案馆还保留着民国期间玉泉场档案1602卷，成为弥足珍贵的象山盐业文化的历史记忆。

新中国成立后，象山盐业生产继续发展，老盐区焕发青春，新盐场不断涌现。民国初年，象山产盐5000余吨；1992年，象山产盐达67525吨，是原来的13.5倍，一跃成为浙江省三大产盐县之一。随着改革开放的深入发展，盐业生产开始萎缩，盐区一部分盐田废转，成为工业园区，象山白岩山盐场、昌国盐场即是。至2012年，象山全县尚有新桥盐场、花岙盐场和旦门盐场经营盐业生产，象山尚保留一定盐业生产基地，成为盐

[1]　《象山县志》，浙江人民出版社，1988年。

业文化依附传承之本；更可喜的是，作为千年盐业之县，象山尚保留古代刮泥煮盐和灰晒滩盐等传统技艺，为浙江各地盐区所罕见。一些年高的老盐工、老盐民言传身教，亲手操作，重新发掘传统晒盐技艺，使濒临消失的古代盐业生产技艺得以恢复传承，千年盐业文化得以发扬光大。本书将以较小篇幅呈现象山晒盐传统技艺和深厚的海盐文化底蕴，读者亦可窥一斑而知全豹。

海盐晒制技艺国家级非物质文化遗产传承人史奇刚

千年盐乡

象山三面环海，故深得渔盐之利，成为渔盐之乡，尤其是象山盐业，宋代建有玉泉盐场，一直延续至新中国成立初期。千余年的盐业生产历史创造了丰富的海盐文化，其中包括晒盐的技艺。

千年盐乡

盐平凡而渺小，却是生活的必需，是人类生命不可或缺的一种物质。

盐的原料来源，一般可分为四类——海盐、湖盐、井盐和矿盐。取海水为原料，晒制而成的盐叫作"海盐"；开采盐湖矿，加工而制成的盐叫作"湖盐"；以凿井的方法汲取井下天然卤水，加工制成的盐，叫作"井盐"；开采岩盐矿床加工制成的盐，则叫作"矿盐"。

中国盐业中历来以海盐为主，其次则是湖盐、井盐和矿盐。中国的海盐生产历史悠久，东汉许慎《说文解字》释"盐"曰："卤咸也。从卤、监声。古者，宿沙初作煮海盐。"《中国盐业史·古代编》称："中国古代盐业史的开端，可以追溯到'夙（宿）沙氏初煮海盐'的遥远时代。"[1] 据考证，宿沙氏可能是山东半岛的一个部落首领，也有人认为是一个部落。[2] 古籍中有的称他是炎帝神农氏的诸侯，有的称

---

[1]　《中国盐业史·古代编》，郭正忠主编，人民出版社，1995年。

[2]　段玉裁《说文解字注》引《吕览》注称，"夙沙，大庭氏之末世"，是把他当作一个古老的部落来看待。

他是黄帝的臣子。[1]总而言之，宿沙氏煮海为盐的记载是可信的，他应该是东南沿海煮海水为盐的创始者，是人工制盐的先驱。

象山县地处浙江省中部，是象山半岛东部的一个县。春秋时属于越国鄞地，唐神龙二年（706）析台州宁海县与越州鄞县地置县，县治设蓬莱山下彭姥岭脚的彭姥村（后为丹城）。根据《唐明州象山县蓬莱观碑》[2]记载，象山蓬莱山曾是徐福的隐迹之地，历史可谓悠久。由于象山三面环海，故深得渔盐之利，成为渔盐之乡，尤其是象山盐业，宋代建有玉泉盐场，一直延续至新中国成立初期。千余年的盐业生产历史创造了丰富的海盐文化，其中包括晒盐的技艺。象山的海盐文化历史悠久，分布广泛，内容丰富，具有独特的地域文化、生产文化内涵。

[壹]得天独厚的自然条件

象山县位于浙江省沿海中部，北纬28° 51′ 18″～29° 39′ 42″，东经121° 34′ 03″～122° 17′ 30″，辖区包括象山半岛的东部地区和

---

[1]　张澍辑《世本·补注》称："《北堂书钞》引《世本》云：'凤沙氏始煮海为盐。凤沙，黄帝臣。'"张澍《补注》又云："《路史》注引宋衷注：'凤沙氏，炎帝之诸侯。'《吕氏春秋·用民篇》载："凤沙氏之民，自攻其君而归神农。"南宋郑樵《通志》卷二六《氏族略·以氏为国·凤沙氏》条引《英贤传》曰："炎帝时侯国。"

[2]　《唐明州象山县蓬莱观碑》立于唐大中二年（848）六月初九，记有"闻图经宝书之蓬莱山，其迹近古。昔相语，秦始皇帝使乎仙者辈徐福也投泛沧海，访神仙之术于蓬莱山"等语。乡贡进士金陵孙谏卿撰，清河贝泠该书，道士王方外篆额，北海咸文憓镌。

象山岸线曲折（沈颖俊 摄）

沿海诸岛两部分。象山县北倚象山港，与奉化县、宁波市鄞州区相望；东北为象山港口，与宁波市北仑区、舟山市六横岛遥相呼应；东濒大目洋，南临猫头洋、三门湾，与三门县相邻；西接宁海县，与大陆相连。象山三面环海、一线穿陆，凭借濒海靠山的地理环境，成为历史上著名的海盐生产地区。

岸线曲折，滩涂宽广　象山海岸线迂回曲折，据2008年统计，有大小岛礁656个，海岸线总长800多千米，其中陆地海岸线333.9千米，占宁波市海岸线的42.35%，海岛岸线约500千米。半岛岬湾相间，沿海滩涂约有56万亩（37333公顷），港湾滩涂遍布全县18个乡镇街道。北部象山港县境岸段，从下沈至黄避岙、贤庠、东港，陆地岸线长达90多千米，有滩涂6万亩（4000公顷），属稳定型。贤庠一段的10千米海涂，唐宋以来就属于盐业产区。东部沿海岸线，自钱仓至石浦镇（含大目湾、大平湾、昌国湾，从东港青湾山嘴至石浦港北侧平岩），海岸线长112千米，滩涂7366公顷，合计10.54万亩，岸滩大部属缓慢性淤涨型，宜于发展盐业生产。南部三门湾象山岸段，自石浦港北侧平岩以南，含半边山、南田、高塘、花岙诸岛，从西向北至象山、宁海界止，全长95千米，有滩涂9800公顷，合计14.71万亩，是象山历史上的传统盐业产区。

象山境内有452个岛屿[1]，领海面积约为6618平方千米，因其海水受淡水影响小、盐度高，为利用岛屿滩涂发展盐业生产提供了有利条件。从历史上看，南田岛、高塘岛、坦塘岛等在古代就有许多盐村，从事海水晒盐的生产。

另据《象山盐业志》在20世纪90年代的统计，象山境内的滩涂资源十分丰富，为盐业生产发展提供了客观条件。

---

[1] 在2004年调查基础上，2008年又进行沿海无居民岛屿调查，全县有居民岛屿16个，无居民岛屿436个，合计452个。

象山境内分片海涂资源

单位：平方千米

所在地	涂名	岸带至理论基面	所在地	涂名	岸带至理论基面
象山港	西沪港	34.9840	大目洋	C高湾涂	16.2594
大目洋	青湾山东嘴	19.3021	大目洋	铁港	45.5525
大目洋	大目涂	57.8414	三门湾	南田涂	25.7866
大目洋	A门前涂	29.4151	三门湾	大佛岛西北涂	9.5049
大目洋	B旦门涂	12.1669	三门湾	大洋岛西北涂	5.2122

注：自海岸至海底0米为岸带至理论基面。

气温适宜，日照充沛 海水制盐是一项非常依赖气候条件的露天作业，气候变化制约着盐业生产。据《象山盐业志》载："象山属亚热带季风性湿润气候，冬夏季风交替显著，温暖湿润，年温适中。四季分明，光照较多。冬季受北方高压控制，以晴冷干燥天气为主，多偏西北风，夏季多偏南风。春末夏初，极峰始稳定，冷暖空气交错，俗称'梅雨季'。夏7、8、9月，处太平洋副热带高压控制下，太阳近于直射，辐射强度大，光照时间长，少雨高温，为制盐旺季。其间亦为台风频发季节，台风暴雨侵袭，危害盐业生产。全年总蒸发量大于降雨量，一年四季均可制盐。"

象山年平均气温为16~17℃。1956~1992年，石浦气象站累计月平均气温低于10℃的有1月、2月、3月、12月；高于23℃的有6月、7月、8

宽阔的盐场

月、9月,其中7月、8月高至17.13~27.43℃,为盐业生产最佳期;介于10℃与23℃之间的有4月、5月、10月、11月。往往秋温高于春温,平均气温最高为7月,达27.43℃,平均气温最低为1月,达5.85℃,10月平均气温为18.63℃,为盐业生产小旺季。

象山白岩山盐场1981~1989年平均气温

单位:摄氏度

1月	2月	3月	4月	5月	6月	7月	8月	9月	10月	11月	12月	平均
5.1	6.3	9.6	14.9	19.6	23.5	28.1	27.9	24.5	20.8	14.8	7.2	16.85

象山年日照总时数为1607~2048小时,为浙江省高值区之一。其中7~10月占年日照总时数的44.18%,为日照最高值时段,系盐业

生产旺季。7月平均日照时数256.23小时, 为年日照最高月。3月平均日照时数77.98小时, 为年日照最低月。4~6月, 春雨、梅雨连绵, 日照时数增加缓慢, 影响盐业生产。1986年, 象山年日照时数2226.6小时, 高于年平均日照时数15.14%, 是年全县盐产量超6万吨。

至于累年平均蒸发量, 据1956~1992年石浦气象站记录统计, 为1450.43毫米, 最多为1971年(1686.6毫米), 最少为1977年(1246.7毫米)。累年月均蒸发量以7月份(212.8毫米)为最大, 8月份(197.13毫米)次之。累年日均蒸发量为4.1毫米, 最大的是7月份(7.1毫米)。7~10月, 平均蒸发量715.26毫米, 占年平均蒸发量的48.31%, 是制盐的黄金季节。象山北部的白岩山盐场1981~1989年平均蒸发量1426.8毫米, 昌国盐场1978~1987年平均蒸发量1609.7毫米。在浙东, "象山盐区大于其他盐区" [1]。

石浦气象站1956~1992年累计各月平均蒸发量

单位: 毫米

1月	2月	3月	4月	5月	6月	
68.37	75.1	64.7	104.63	134.27	123.4	
7月	8月	9月	10月	11月	12月	合计
212.8	197.13	153.2	152.13	108.3	77.17	1480.43

[1] 《宁波盐志》第5页。

秋季干旱，风能富集 象山年均降水量在1250毫米以上，最多为1961年，有1917毫米；最少为1967年，仅800毫米。月际分布不均，10月至次年2月，月均40～80毫米，占年降水量的20.63%；5、6月为梅雨季节，占24.08%；8、9月为台风季节，占29.28%。常有秋伏干旱，利于盐业生产。

象山县境三面临海，海域宽阔，风力较大，为浙江省风力资源富集区之一。风能有利于海水制盐的蒸发，并利用风力发电作为制盐动力。象山处于副热带季风区，风向、风速变化明显。夏季受到副热带高压控制，东南风盛行，风速较小；冬季多偏北风，风速较大；春、秋季变化不定，多偏南、偏东风。7、8月，台风过境，形成短时间狂风，最大风力达12级以上。据石浦气象站20年来的记录，年均风速为5.6米/秒，高出宁波市年均风速2.9米/秒近一倍，为宁波最大风速地区。

海水盐度高，悬沙含量低 海水是制盐的基本原料。象山北临象山港，东濒大目洋、猫头洋，南靠三门湾，海域面积宽阔，海水资源丰富。海水中含有多种盐类，《象山盐业志》载："含盐3.5%时，氯化钠含量为2.72%，占总含盐量的77.71%。"

象山区域主要盐类含量

成分	分子式	含量（%）	所占比重（%）
氯化钠	$NaCl$	2.72	77.76
硫酸镁	$MgSO_4$	0.160	4.74
硫酸钙	$CaSO_4$	0.126	3.60

成分	分子式	含量（%）	所占比重（%）
硫酸钾	K_2SO_4	0.90	2.4
碳酸钙	$CaCO_3$	0.01	0.34
氯化镁	$MgCl_2$	0.380	10.88
溴化镁	$MgBr_2$	0.008	0.22

　　海水中的盐度、悬沙、潮汐与盐业生产有密切的关系。盐度是指1000克海水中所含的盐分，象山南部海水盐度年均30.5‰，比北部杭州湾的12.3‰高出一倍以上。县境内不同地区、不同季节海水盐度也有区别。夏季受台湾暖流影响，盐度值增高，8月象山港西泽盐度为29.05‰，三门湾石浦盐度为31.22‰。最低盐度值出现在秋末冬初，11月西泽和石浦盐度分别为24.39‰和25.29‰。海水年均水温17.6℃，略高于年均气温16.2℃，有利于盐业生产。因象山港内径流极小，无大河流注，故海水盐度较高，是宁波市最高盐值区。四季海水盐度低层高于表面，年度幅4‰，是宁波各县（市）区盐度变化最小的区域。

　　海水中往往含有大量泥沙，其含量及输移受潮汐、径流、风、波浪和地形等各种因素影响，很不稳定。象山港内的悬沙含量是愈往港内愈低，整个象山港内平均含沙量为

自然纳潮及碶闸

0.229千克/立方米。县东部海域悬沙含量自北向南、由岸往外递减，北部和南部平均含沙量分别为0.345千克/立方米和0.16千克/立方米。悬沙随海水进入盐场纳潮河，需要经过澄清，故纳潮河要定期疏竣泥沙、增加库容，这是盐业生产一项必不可少的内容。

象山沿海海域潮性为规则半日潮。潮汐以一太阳日为周期，两涨两落，落潮流速大于涨潮。海潮涨落有时，故谓之“潮时”；俗以其有常，称为“潮信”。象山渔谚：“初三潮，十八水，初八、廿三小水低。”初三、十八是大潮，潮位最高；初八、廿三是小潮，是一月中潮位最低时。海水盐度变化受潮流周期性影响。浙江沿海为半日潮区，潮流一日呈两周期性变化。通常在高平潮时，海水盐度达最高值；低平潮时，海水盐度为最低值。盐场纳潮时，必须把握时机，及时纳入高盐度值的海水，才有利于盐业产量的提高。

[贰]上溯汉唐的悠久历史

象山海盐生产始于何时？一般都以北宋政和四年（1114）象山当地以玉泉山命名的玉泉场置盐官、掌卖纳事宜为肇始，其实并非如此，象山海盐生产历史可上溯汉唐。

象山县文物保护点
杉木洋徐公祠
清代
象山县文化广电新闻出版局
二〇一〇年十二月二十一日公布
杉木洋纪念象山首任县令徐旃的徐公祠

象山立县于唐神龙二年（706），御史崔皎奏请析台州宁海、越州鄮县地，置象山县。因“厥土有山，背负隆起，雄压海垠，前后

象山首任县令塑像揭彩仪式

瞻望，几如象形"[1]，故以其山之东麓彭姥村立县治，以山名县。

象山立县前一半属于鄞县，一半属于宁海。《新唐书·志第三十一·地理五》[2]载：

> 明州余姚郡，上。开元二十六年，采访史齐浣奏以越州之鄮县置，以境有四明山为名。……县四：有上亭戍。鄮，上。武德四年析故句章县置鄞州，八年州废，更置鄮县，隶越州。开元二十六年析置翁山县，大历六年省，有盐。……奉化，上。开元

---

[1] 民国《象山县志》点校本，引嘉靖《象山县志》，本乾道《图经》语。

[2] 《新唐书》，北宋宋祁、欧阳修等撰，共二百二十五卷，为记载唐代历史的纪传体史书。

二十六年析鄮置。有铜。慈溪，上。开元二十六年析鄮置。象山，中。本隶台州，神龙元（二）年析宁海及鄮置，广德二年来属。

台州临海郡，上。本海州。武德四年以永嘉郡之临海置。……县五：临海，望。武德四年析置章安县，八年省。有铁。唐兴，上。本始丰，武德四年析临海置，八年省，贞观八年复置，高宗上元二年更名。……黄岩，上，本永宁，高宗上元二年析临海置，天授元年更名。有铁，有盐。乐安，上。武德四年析临海置，八年省，高宗上元二年复置。宁海，上。武德四年析临海置，七年省入章安。永昌元年复置。有铁，有盐。

从《新唐书》来看，江南道属有盐乡县12个，象山原所属鄮县、宁海，皆列其中。可见，唐代时象山即是产盐之地。

值得一提的是，唐大中十三年（859），象山爆发了一场史称"揭开唐末农民斗争序幕"的起义——裘甫起义。起义领袖裘甫是一个盐贩，他登高一呼，应者百人，首义者大多为盐民。大中年间，宦官弄权，藩镇割据，滑吏土豪以"羡余"为名，征役无度。所谓"羡余"，其实是以进贡皇家为名的赋税之外的额外征收。象山绝处海滨，煮盐乃是当地主要生产，盐民众多。禁私盐、收重税，使盐民无法生活，裘甫的揭竿而起自然是群起响应。

裘甫，剡西（今嵊县）人。王象之《舆地纪胜·庆元府鄮县崇宁寺》下注云：“海贼裘甫，是甫实起于海。”《唐书·宣宗记》：“大中十三年十二月，浙东贼裘甫陷象山。”《通鉴》：“浙东贼帅裘甫攻陷象山，官军屡败，明州城门屡闭，进逼剡县，有众百人，浙东骚动。观察使郑祗德遣讨击副使刘勃、副将范居植将兵三百，合台州军共讨之。”翌年春正月，战于桐柏观前，官兵大败，范居植死，刘勃逃。裘甫以千余人攻陷剡县，开府库，募壮士，众至数千人。浙东观察使又募新兵五百，与义军再战于剡西三溪，结果官兵又全军覆没。裘甫由此而声威大震，从者四面云集，众至三万。甫自称“天下都知兵马使”，改元“罗平”，铸造印曰“太平”，分兵三十二队，破明州、台州、上虞、余姚、慈溪、奉化、宁海，再次分兵围象山，天下震动。后来朝廷改派儒将王式为浙东观察使，王式知道裘甫起义是官逼民反的结果，便赈贫乏，设候骑（情报人员），惩滑吏，收降将，软硬兼用，大战百余仗，终于擒获裘甫，解送京师，斩于长安东市。一场农民斗争虽然归于失败，却说明了一个问题：唐代时，象山便是浙东的重要海盐产地，而且拥有众多盐民，否则这里不可能成为一场轰轰烈烈的盐民斗争的发源地。

其实象山盐业生产还可以上溯汉代。象山县丹城东门外，旧有一庙，谓东亭庙。明嘉靖《象山县志》载：“东亭庙，县东一里，旧名海济庙，今为起春之所，又名起春庙。”今存光绪三十三年（1907）东亭庙碑一块，记载道其时修葺庙宇，掘见一块旧碑，是明嘉靖四十年

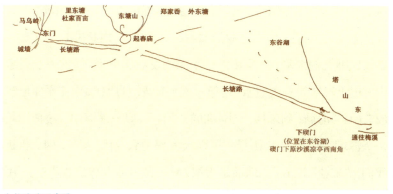

古长塘路示意图

（1561）儒学教谕吴谨、邑人史安邦、余侯惠敬立，是碑被坏，字划不明，故立新碑时将旧碑所载神灵显征附刻备考。可见此碑虽为光绪三十三年新立，但碑文却是嘉靖四十年的旧碑内容。碑云："先王制典之礼，凡神之有功德于民者则祀之；能捍大灾、御大患则祀之，自古皆然。而东亭之神由汉于始，其神之庙，代有显征，民之业渔盐者必礼而祭。由是观之，是非有功德于斯民者耶？"

东亭庙位于今丹东街道、东塘山之南麓。其庙前之路，历来称为长塘路，东起塔山下碶门，西至马乌岭脚，即原丹城东门口。清《蓬岛樵歌》注云："邑宾阳门（东门）外，由起春亭，即东亭，直接塔山下，曰长塘路，相传古海塘也。"长塘路是象山历史上首次围涂筑塘晒盐留下的塘坝遗迹。古代居民聚居在彭姥村，所围之塘在彭姥村东，故称"东塘"，临塘之山称为"东塘山"。所筑长塘之坝，后演变成路，称"长塘路"。东亭庙碑告诉我们："东亭之神由汉于始，其神之庙，代有显征，民之业渔盐者必礼而祭。"由此可见，"东塘"是汉代围筑的海塘，从象山南庄平原的发展历史来看，这应当是象山历史上较早的一次（也许是第一次）围塘；到唐代，南庄平原已筑成"上洋"海塘；到宋代，已围筑成"下洋"海塘；到明代，凌傅围筑岳头海塘。因此，象山围垦史可以大大提前到汉代。另外，碑文告诉我们，"东塘"筑成后，塘前是大海，先民从事渔业与盐业生产。"民之业渔盐者"应是象山先民从事盐业生产的最早文字记载。东亭庙原名"海济庙"，应是当地"业渔盐者"祭祀神灵以求庇佑的地方。

上述事实说明在宋政和四年立玉泉盐场之前，象山的盐业生产已有一定的规模和历史。

[叁]"环邑皆灶"的盐乡分布

象山缘海而邑，盐区分布东北自贤庠、东向南折钱仓由爵溪而下，过林海、岳头、旦门、新桥、昌国，南至石浦，由三门湾入晓塘、定塘、海岛南田、吉港、四都，迂回曲折三百余里，灶舍环列其间，分布极为广泛。

北宋政和四年（1114），象山以境内玉泉山[1]命名，设玉泉买纳[2]

---

[1] 玉泉山，象山东乡小祖山珠山之支脉，从挂佛岩东出一支至涂茨镇玉泉寺村而尽。古玉泉山周边涂滩，多有灶民业盐，玉泉场由此得名。旁有玉泉寺，建于宋乾德二年（964）。

[2] 买纳，征购。《宋史·食货志下四》："亭户煎盐，官为买纳，比旧既增矣。"

民国三十五年（1946）象山、宁海、三门县盐区玉泉场图

场，置盐官。南宋绍兴元年（1131）增设盐课司厅，辖瑞龙、东村、玉女溪三场。东村场位于象山东乡一带，场部当在今贤庠镇。贤庠，古称"盐场"，明嘉靖县志载："曰大林，曰王避岙，曰孟岙，曰茭湖，曰龙屿，曰鲁家岙，曰湖头，曰大都，曰小都，曰三蕉，曰西山下，曰西潭，曰陈晁，曰盐场[1]，曰张家岙，曰马岙，曰杨家岭，曰大谢，皆二十三都。曰沈家洋，曰后村，曰唐岙，曰碶头，曰着衣亭，曰朱溪，曰溪沿，曰中庄，曰下庄，曰蒲门，曰青来，曰木瓜，皆二十四都。"其"二十三都"、"二十四都"皆在今县东北黄避岙乡（旧称王避岙）、贤庠镇境内，村岙中之陈晁、盐场、沈家洋、碶头、溪沿、蒲门、青

---

[1]　盐场为村名，在今贤庠镇贤庠村，据宋宝庆四明志附图，当为宋东村（盐）场的场址。

来、木瓜等村，古代均为盐村。"盐场"村因后人嫌不雅，改为"贤庠"，今成为镇名。考"盐场"之得名，原为宋玉泉盐场分场"东村场"所在地，可见象山之生产海盐，最初盐区分布在县东北之沿海岸线一带村落，然后向东至柱峧南折钱仓、涂茨、杉木洋，经爵溪折至瑞龙分场。瑞龙今属丹东街道，原属林海乡，位于象山东部沿海。瑞龙场是以瑞龙河命名的。初时的瑞龙场应在瑞龙河以东，东至乌石头、花龙湾、刘家峧、马兰山，南至瑞龙河今上余村的背后，西至老东大河为界，北至瑞龙河王邱家东桥头，属今林海的河东村一带。瑞龙场是宋时玉泉盐场的三大分场之一，管辖着象山爵溪以南东部沿海"河东"、"河西"一带的海盐生产。延至象山南部，则是玉泉盐场的另一分场——玉女场。玉女场在今石浦镇汝溪一带，嘉靖《象山县志》载："玉女溪，县西南九十里。源出版场坑、玉女山，合流至五眼桥入海。"可见玉女场是以"玉女溪"和"玉女山"命名的，当时的玉女场主要管辖以玉女场为中心的鸡鸣、昌国、盐仓前及周边一带产盐地。

元大德三年（1299），两浙产盐地有三十四场，玉泉场为其中之一。明代，玉泉场旧团额拥有一团、二团、三团、四团、木瓜团、下庄团、厫一团、厫二团、蒲东团、蒲西团、马岗团、定山团、前洋、后岭、番头。到了清雍正年间（1723—1735），新聚团额有蒲东仓干门团，有灶五；下三仓番头团，有灶三；蒲西仓仇家山东团，有灶八。嘉庆年间（1796—1820），玉泉场东蒲东、蒲西两团，下有十七舍。同治年间（1862—1874），玉泉场分蒲东、蒲西、下山三团，有十四舍。

民国时期的玉泉场，象山盐区分布范围扩大。民国九年（1920）下设五个分局——番东西、金东西、蒲东、蒲西、中泥，有二十个舍卤场。民国十九年（1930），两浙盐务局调查报告称："玉泉场区坐落在象山县石浦之间，南为番东西区，又南为金东、金中区，西南为中泥竿头区，北为胡大、南堡、杉木洋区。西距长亭十里，北距大嵩二百一十里，产地面海背山，面积之广冠于邻县。"当时产盐地有番东、番西、鸡鸣、金东西、中泥上下舍、果岭、屿岙、杉木洋、溪沿、南堡、岳头、胡大（今新碶头）、大乌车、岑晁、新沙厂、双沙东厂、西厂、火灼厂等。

民国二十五年（1936），玉泉场产盐地有海墩、海塘、南堡、樟岙、上塘、下塘、龙头江、上中塘、下中塘、蒲湾、晓塘、金鸡山、平阳厂、下洋墩、中泥、竿头。后废海墩、海塘、南堡、樟岙。民国三十年（1941），恢复南堡、樟岙。

民国三十四年（1945）九月，宁海长亭场[1]奉令并入玉泉场，其辖

---

[1]　《盐法通志》载："长亭场疆域，东起夹洋塘（今长街岳井），南至尖坑塘（今三门县建康），西至南庄（今一市镇梅七），北连大成塘（今长街镇），计东西九十里，南北相隔一海，计水程八十里，陆路二百里。"其东乡者，称内场，聚团八，名枫村、西团、灵屿、东团、东浦、东岳、岳井、青屿；其在南乡者，称外场，附有义岙、涂下、里屿等五小团，今属三门县。

盐场一角

地有岸山、南山、松岙等三区，东西约距二十里，南北约距八里。长亭场在南乡者计有建康塘、花市、上廒、健跳等四区，属三门县，东西相距五十至六十里，南北相距三十至四十里。产盐地有建康、上廒、月边、舜岩、三岔、花屿、插市、沙木、大宅、梅岙等。玉泉场横跨三县，盐区之广，为县历史上所未有。

　　新中国成立后，盐场几经废兴，曲折发展。1950年12月至1952年，分四批进行废盐转业。1957年恢复中泥、杉木洋、竿头老场区。1958年大办盐业，南田四都、南庄、民主、涂茨、金星、长街（今属宁海）等公社均新建盐场。1962年，国民经济结构调整，再次废盐转农，全县存金星、番头、中竿、白玉湾盐场。1965年，国民经济恢复发展，原盐供不应求，象山又新建盐场。20世纪70年代，象山全县建成白岩山、新桥、旦门、花岙、昌国五大骨干盐场，加上传统老盐区，逐步形成了从涂茨到花岙的沿海集中成片盐场。

[肆]盐乡遗迹

岁月悠悠,千年盐乡遗迹犹存。在象山土地上,至今尚保存着与盐业生产有关的石碑、墓葬、庙宇、祠堂、盐墩、盐村、废厂、玉泉场署旧舍以及以盐命名的诸多地名,这一切都在述说着象山盐区昨日的辉煌,同时也展望着更好地传承盐业物质与非物质文化的明天。

一、石碑、墓葬

宋盐大使周思仁墓葬

象山道光县志引周氏谱载,周思仁墓在县东十三里章家弄谷囤山。

周思仁[1],字保元。先世骏,知奉化县,遂居其县。宋绍兴年间(1131—1162),以奉化籍为象山玉泉场榷盐大使,上裕国库,下惠仓囤,深得商民爱戴。后迁其家眷居于象山谷囤山下。其后人、明永乐年间工科给事中周弘宗[2]墓也在谷囤山上。周氏后人常在清明为先祖祭扫,其墓前拜坛较大,可容两张八仙桌上供品。今章家弄尚有一支周氏后裔,其余均迁县内各地。2012年,笔者采访周氏后人周振益,时年80岁,仍在田间劳作。他说,先祖之墓仍在谷囤山上,只是山高林密,现在已无法上山祭扫了,只能遥望谷囤山以寄哀思。

---

[1] 周思仁,见民国《象山县志》"先贤传一"。

[2] 周弘宗,见民国《象山县志》"先贤传二"。

周氏后人周振益遥指谷圆山

象山章家弄村谷圆庙

清同治碶头陈奉谕准两舍通食盐示碑

象山贤庠镇碶头陈村一民宅内，立有"奉谕准两舍通食盐示"石碑。碑刻于同治七年（1868）十一月初十，高约155厘米，宽约60厘米，厚约10厘米，碑文字体为楷书，刻工精细，计16行。碑左右上方及左右下方完整无残缺，立碑者署名为"五境绅士溪头陈陈公等立"。从碑名可知，此碑应该是经当地的行政和盐政管理部门同意所立。碑前两行字清晰可辨："钦加同知宁波府象山县正堂加六级记录十二次黄，玉泉场正堂加四级记录大使姜。"考同治七年，象山县知县为黄丙堃，时象山设"玉泉场盐课司"，盐课司大使为怀宁人姜维扬，正与碑文"黄"、"姜"相合。

溪头陈[1]，在今贤庠东南1.25千米处，沿凤凰山西麓呈东西长形分布。《陈氏家谱》载，明万历年间（1573—1619），陈姓始祖增七自鄞县姜山迁岑晁塘管理碶门，初居岑晁，后移居碶门头，因名"碶头陈"。今贤庠一带旧名"盐场"，古代是产盐区，后因名不雅，改称"贤庠"；隔港（象山港）对面鄞县也有一个"盐场"，亦嫌名不雅，改名"咸祥"。象山贤庠一带盐场属玉泉场的东村场（分场），而象山港北面盐场则属大嵩场。明成化十七年（1481），句容举人凌傅任象山知县，为民兴利，筑岳头、岑晁二塘，得田三万余亩，溪头陈原是岑晁塘一个碶门头，为着衣亭一支溪水出水口，后逐渐形成村

---

[1] 溪头陈，见《象山地名志》，浙江人民出版社，1995年。

落。如从万历年间算起，则该村落有近440年历史。

　　碶头陈一带从明至清及民国初年一直是产盐区，据清嘉庆年间（1796—1820）玉泉场图所标，"两舍"为当时玉泉场的两家"盐舍"。碶头陈一带左右有陈加才舍、商舍、黄凤立舍等。"舍"是"房屋"或"舍间"的意思，是清代浙东盐区中一种常见的盐业生产组织，是由几个盐户组成的生产单位。象山许多盐舍以一个舍主人的名字命名，但"两舍"并不以舍主人名构成，其原因不甚清楚，估计是两个盐舍主人，遂以"两舍"名之。至于"准两舍通食盐示"之义，由于碑文不清，不能妄断。从盐业生产历史看，元世祖中统四年（1263），仿后唐之食盐法，实行计口授盐[1]，于是有了"行盐地"与"食盐地"之分。凡由商人买引运销者，称"行盐"；其近场各地由官设局，按户口配

碶头陈奉谕准两舍通食盐示碑

[1]　见《盐政汇览》第64页。

碶头陈村为古盐村

盐散买,称"食盐"。明清盐业行销基本上承袭元代之法。康熙《台州府志》称:宁海"明有户口支给之食盐,有司开具户口数,令人赴盐运司关支,计口散给。市民、官吏则应纳钞,乡民则令纳米,各随所便"。由此可见,"奉谕准两舍通食盐示"大概是准"两舍"(盐舍)从"引盐地"通转为"食盐地",按户口配盐散买。此碑对研究古代盐业官收专卖有重要价值。

清光绪东亭庙碑

东亭庙[1],旧在丹城东门外三叉路,今为丹东街道起春村。庙中

---

[1] 东亭庙,见民国《象山县志·典礼考》。

象山丹东街道东亭庙

有块光绪年间的"东亭庙碑",记述了象山筑东塘、煎盐熬波的事情，把象山煎盐历史上溯到汉代。

东亭庙旧名海济庙，相传始建于汉代，祀东方青帝，为启春之所，故又名起春庙。志载，每岁立春前一日，邑令迎春于此。清钱沃臣有诗："起春亭上翠旗翻，鼓吹山前彩仗攒。戏事服图黄雅菜，儿童欢逐打春官[1]。"反映了当时迎春活动之盛况，祭芒神、试耕种、鞭土牛，不一而足。庙存光绪三十三年（1907）所立一碑，碑云当年

[1] 打春官，见象山《民国县志》中《典礼考·迎春·鞭春》。《蓬岛樵歌·注》：立春先一日，令率所属迎春于东郊起春亭。俗有春官之戏，着纱帽、绛袍、补子、绘画黄雅菜。俗以五谷撒春官、春牛，谓之"打春"。

东亭庙碑

修葺庙宇时掘见旧碑，为嘉靖四十年（1561）儒学教谕吴谨、邑人史安邦、余侯惠敬立。四百多年前旧碑云："东亭之有神，由汉于始，其神之庙，代有显征，民之业渔盐者必礼而祭，由是观之，是非有功德于斯民者耶？"古代象山彭姥村山麓之南皆为海涂，汉代筑东塘，是象山有史记载的最早围筑的海塘。塘成后建海济庙祭神，"民之业渔盐者必礼而祭"，可见象山先民以渔盐为业，很早就从事煮盐、打鱼活动。东亭庙碑的记述把象山煮盐历史上溯至两千年前的汉代，成为象山盐业生产最古老的历史记忆。

二、祠堂、庙宇

岳头咸水祠堂

位于东陈乡岳头村中，周围民居。村多吴姓，宋代迁此，相传祖上一支晒盐业海，一支种田务农，晒盐业海者建祠村东，称咸水祠堂；务农者建祠村西，称淡水祠堂。咸水祠堂至迟始建于清乾隆年间（1736—1795），因祠堂梁架中置有大鱼骨而闻名。1958年，除堂屋与戏台前穿廊北间以外均毁于台灾，随后复建，梁架大部改作"人"字架，未按原状重建，现两厢拆改砖混结构，平时以祠为市。

一族之中，业海晒盐者单独建祠堂，这在盐文化史上是不多见的。

咸水祠堂面南偏东15度，平面呈正方形，占地697平方米，砖木结构，硬山顶，四合院式。堂屋五开间，明次间各缝侧样为七架前后廊，山缝穿斗式。平梁、瓜柱、三架梁面与五架梁下雀替刻饰卷草纹；前檐柱头卷杀、开十字口置单翘承托象首纹抱头梁头，梁面刻饰灵芝草龙，后端以丁头栱辅承，正心重栱托檐枋。廊端辟有旁门，正堂尽间原为义仓，储粮备荒济贫。山墙外各有耳房一间，西间倒塌未复。两厢各三开间，深原五架。倒座本为台楼兼门楼，深七架，次间后（南）封护檐墙各辟石库门作庙正门，现为平房，但仍其高；其明间与堂屋明间作三间二坡顶廊屋，坡面东、西向，各缝侧样均五架用二柱，两侧以牛腿上置三踩单翘（里拽刻为朵花）、正心万栱加雀替分别承托象首纹梁头与挑檐枋，南间即为戏台，北两间作穿廊，本县地方谓之串台。

穿廊北间脊檩下并与之平行安置鲸颏骨一条，其两端置于附贴于南、北缝五架、三架梁侧的小方柱上。颏骨扁弧形，呈灰白色，长3米，中宽端窄，最宽处约0.3米，厚0.2米，凹面向下，楷书题记"大清乾隆贰拾年乙亥正月朔自入本港门海鳅颏骨"。（同鱼另颏置于岳头村西北3.5千米三叉路凉亭梁架间，20世纪90年代亭毁骨弃。）

串台做法的祠堂在农村有一定数量，规模相对较小，咸水祠堂仅一例而已。一般作石板、弹石与夯泥混合地面，石鼓礅、圆柱，屋

岳头咸水祠堂

咸水祠堂脊檩下鲸颈骨

介绍颏骨匾文

盖不用飞椽，戏台彻上明造，不设置天花，砖望板、小青瓦顶，清水脊，建筑少有装饰。但设义仓者却少见，梁架间置大鱼骨者更为稀有，仅闻石浦鱼师庙亦有大鱼骨饰置梁架间，惜庙已毁。[1]

常济庙

位于大徐镇杉木洋村东炮台山脚，占地约300平方米，建筑面积150平方米，相传建于明代，供当境菩萨李若水，附祀盐熬菩萨。"盐熬菩萨"又称"熬盐菩萨"，为杉木洋村徐氏祖上太公，两旁对联"卤镬赌臂捞回千秋基业，肉骨殒身赢得百代庙食"。相传徐

---

[1] 以上材料基本引自《象山建设志》。

常济庙

常济庙中盐熬菩萨

氏太公为保住烧盐这一产业，不惜在沸腾卤镬中捞秤锤（一说在油锅中），最后献出生命。为纪念祖先的忘我精神，徐氏后人立庙祭祀。该庙在2005年扩建，体现了对古代盐业劳动者的尊崇。

盐司庙

位于象山丹东街道桥头林西，占地面积1.5亩，建筑面积600平方米。1960年因建六联小学迁建，供盐司神，称"二老侯王"，八月廿一为神诞日，当地传统要举行庙会。民国《象山县志》载："盐司庙，在县治东南十五里桥头林，一名弦丝庙。其一分建于朱家桥，曰'穆清庙'。其地与盐司庙相去二里许，亦其神也。"穆清庙神俗称"大老侯王"。宋时象山设玉泉盐场，有瑞龙、东村、玉女三场（分场），今桥头林村即在瑞龙场盐区中。民国《象山县志》云："盐司者，官名也。或其时有德于灶户，故立庙以祀之欤？抑以其地为盐司署而立为社庙欤？考邑南政实乡有浦东仓、浦西仓。《蓬山清话》称：河东、河西，旧为浦裔地。今桥头林、朱家桥皆邻近村，当时应即瑞龙场所辖。瑞龙寺以瑞龙山之名为名，建于宋乾德四年。场曰瑞龙，当亦以山名为名。"以盐司为神，反映了象山历史上盐业之兴盛。

昌国大庙

位于昌国西门街16号，坐西朝东，里人立"昌国卫大庙记"碑，载"唐乾武五年建"，无考。该庙占地828平方米，建筑平面呈横"日"字形，二进三横，前为门屋，后为大殿，均歇山顶；中有戏台

与甬堂,旁有两厢,分别与大殿、门厅相接。庙基前低后高,自庙前月台、门楼、戏台甬堂至西厢、大殿,石台基逐步提高。庙前月台与庙同宽,进深2.77米,高约0.6米,台沿包砌石板。大殿明间主位塑祀唐名相刘晏,神号"勇南王"。大庙有联曰:"中唐名相洒一腔热血,昌国遗庙荐千古忠魂。"

左所庙、右所庙

分别位于昌国卫九井巷、卫城南门,为明代建筑,同祀刘晏。当地人称"一地三座庙,三庙一菩萨",视刘晏为盐宗、财神。

东史庙

位于新桥镇东史村中,嘉庆二十二年(1817)建,占地面积800平方米,建筑面积700平方米。旧时周边一带为盐区,百姓供奉刘晏,至今香火不断。

南堡大庙

本名东岳庙,供奉东岳大帝,附祀刘备、关公、刘晏、玄坛等诸神,位于南堡村中。刘晏神为什么会附祀在此处,说起来还有一段故事。旧时南堡是盐区,周边岳头、海墩、马岗等都以煮盐为业。一年,南堡举行赛神大会,昌国大庙抬了一尊刘晏神像参加巡游。巡游结束后,昌国大庙觉得大家都是盐区,刘晏是盐宗、财神,就把刘晏神像留下来,送给南堡人。南堡人就把刘晏神像恭请进东岳庙,从此南堡大庙又多了一尊盐民自己的神主。

象山供奉盐宗神庙有十三座之多，这里不一一列举。

三、其他遗迹

象山环邑皆灶，盐业生产遍布全县各地。上千年的盐业生产历史在象山留下了许多与盐业生产相联系的遗迹、遗址，成为象山盐业文化的历史记忆。

卖盐弄

卖盐弄位于丹城丹西街道南街处，东出口在南街，北出口在羊行街，呈北—东走向，是一条十分狭窄的小巷，曲曲折折，不过一二米宽。旧时为什么取名"卖盐弄"？原来象山历为产盐区，周边盐场

丹西街道卖盐弄

都有贩卖私盐现象。这些卖私盐的不是什么大盐贩子,大都是盐民家属提着小篮卖私盐,私盐比官盐便宜,而且都是盐户人家个人用盐节余下来的。旧时每到市日,便有提篮卖私盐的人闪入墙弄内交易。据说清末时,巷口有一王姓人,比较仗义,见到差役闯进墙弄捉这些可怜巴巴的妇女、老人,便挡住去路,不让进入,差役见了也无可奈何。久而久之,这条小巷便被称为"卖盐弄"。

仙人屋洞

旧时盐村杉木洋炮台山下,有一个叫"仙人屋"的石洞,前面是大片的盐田、大大小小的盐墩,盐民劳作之余便在洞中休息,可避雨、遮阳、午睡、吃饭,带来了许多方便。盐民称它为"仙人屋",不仅

仙人屋

因为洞中左方塑有菩萨石像，是神仙居住的地方；更意味着盐民在艰苦的劳作后能在此得一刻休闲，偷一下懒，过一过"神仙"生活。

　　仙人屋洞宽2.5米，长11米余，高约1.8米，从外形上看像老虎嘴巴。当地盐民说这里是老虎头，老虎尾在干岭头，即今村背公路处。洞内岩石光滑，呈斜坡状，可供人倚躺。左角所塑菩萨有三尊，传说是管土地耕作、保佑盐民生产的，所以盐民十分尊敬他们，希望能得到庇护，盐业获得好收成。可惜"文化大革命"后，三尊神像都消失了。

永丰墩（盐泥墩）

　　象山东乡杉木洋南宋以来便生产海盐，元代时，大徐徐氏一支

杉木洋永丰墩（旧时为盐泥墩）

迁往此处后形成村落，是一个古老盐村。

　　杉木洋村一直采用刮泥淋卤、煮盐的方法，20世纪50年代时还有许多盐灶煎盐。因此，由山脚向海塘延伸，布满大大小小的盐泥墩，这些都是刮泥淋卤留下的盐泥堆积而成的。今天，村中老人还能叫出诸如"门前墩"、"东厂墩"、"撩路墩"等几十个盐泥墩的名字。虽然许多泥墩已被耙平、种上庄稼，但在老盐民心中，过去的情形还历历在目。"永丰墩"就是其中之一，位于三角厂墩东，徐姓塘岸南、永丰墩的东首便是东厂墩。杉木洋村盐泥墩见证了象山盐业发展的历史。

玉泉盐场场公署旧址

　　玉泉场从建立至中华人民共和国成立之初，历经八百多年。清

位于金鸡山村的玉泉场场公署旧址

末、民国时期的玉泉盐场场公署在今石浦金鸡山村（下金鸡）。场公署是一座呈角尺形的两层木质结构楼房，民国风格，为当时盐场公署办公中心。1945年，玉泉盐场纳入长亭盐场，该场成为横跨象山、宁海、三门三县之盐场。1949年，两浙税警总队副总队长兼玉泉盐场场长包毅率部及公署公务人员近千人在金鸡山场部起义，税警总队后改编为人民盐警大队。

金鸡山廒厂

廒厂，是指贮藏食盐的仓库。金鸡山村是玉泉场的一个古盐村，民国时期玉泉场场公署所在地，设有盐仓库，称为廒厂。今存廒厂是20世纪60至70年代修造的贮盐仓库，南北朝向，北边一门，为盐入库之门，门离地面1米多高，有一个平台，从斜坡上平台，进门

金鸡山廒厂

廒厂前门

后亦有一平台，盐入平台后倾倒在库内，可层层堆高。南门为盐出库之门，门与地面持平。

盐厂渡　位于象山贤庠镇盐厂村北，象山港南岸，因盐厂村得名。民国初年建渡，帆船渡运鄞县大嵩虾婆袋、横山。民国二十年（1931），里人姚启明与甬商合资置德兴渡轮，渡运盐厂、乌屿山、横山间。后又有永安渡轮，渡运西泽、横山、大嵩间。抗日战争期间，两轮被日军炸沉于横山、大嵩，后移埠于乌屿山西。后渡废。

盐仓庵　位于昌国镇马盘村西南500米处，小尖山下。旧时周边一带均为盐田，百姓从事盐业生产，盐场边建有盐仓、盐廒，故以

贤庠镇盐厂村旧有盐厂渡

盐仓庵前原为盐田

"盐仓"名庵。

盐仓前 今名延昌或延昌前。位于石浦镇东北,初名苔条湾,以港湾盛产苔条得名。宋政和四年(1114),象山设玉泉盐场,辖东村、瑞龙、玉女三分场,盐仓前属玉女场。玉女场以近处玉女溪得名。《宁波府志》载,玉女溪"源出版场坑玉女山",故名。玉女溪正源出自大明山白龙头,副源出自大明山东南坡里山坑,在汝溪村东五眼桥与正源汇合东流,从塘头港注入石浦港,全长7.5千米,为当地主要溪流。玉女场辖石浦周边(象南)各盐区,设盐仓于村后,故村名为"盐仓前"。直到民国元年(1912),取"延寿昌盛"之意,雅名"延昌"。后来,玉泉场主要盐区移到金星、番头、中竿、中泥等处,盐仓前逐步发展为商、渔集市之区,但"盐仓前"一名却记录了当年盐业兴旺的历史。

火炉头 石浦火炉头位于南关桥外、天妃宫下,今水产公司一带,《〈渔光曲〉在石浦拍摄的前前后后》一文中写成"葫芦头",可能是取其谐音。火炉头紧邻石浦盐厂,旧时属番东西产盐区。古时制盐都采用煎灶,即在盐田制卤后,把卤放在锅或铁盘上煎煮成盐,一灶几锅,炉火熊熊。灶舍大都是破烂不堪的草舍、草棚,民国时期,象山《三门湾日报》曾刊出一篇文章,报道火炉头盐灶烧盐,小孩不慎跌入滚镬中,酿成惨剧,真实地反映了新中国成立前盐民的苦难生活。

延昌财神弄

延昌古巷

盐业生产

象山盐业生产具有历史悠久、地域广阔、盐产稳定、技艺丰富的特点。主要盐场有玉泉、白岩山、昌国、新桥、旦门、花岙等，主要产品有煎制盐、撩生盐、盐砖、荆竹盐、晒制盐等。

盐业生产

　　象山盐业生产具有历史悠久、地域广阔、盐产稳定、技艺丰富的特点。

[壹]盐场

　　自北宋政和四年（1114）在象山设玉泉盐场直至1950年玉泉场统辖象山、宁海、三门三县盐场，象山盐场经八百多年而不衰。1952年后，盐场（区）虽有变迁，但盐业生产继续发展。当时有金星盐场、番头盐场、杉木洋盐场及定山部分传统盐场。20世纪80年代，象山盐产量跃居宁波市首位。1992年，象山盐田面积达1327.43公顷，比1950年增加10倍以上，占宁波市制盐总面积的40%。象山保留了金星、番头、杉木洋、中竿等传统盐区，并形成了由北（涂茨）及南（花岙）沿海集中成片的五大骨干盐场——白岩山、新桥、旦门、昌国、花岙。20世纪90年代中后期，一批盐田改造成养殖场；一批盐场转废，改为工业用地。至2008年，象山还保留有新桥、旦门、花岙三座盐场，盐田面积555公顷。

玉泉盐场

　　北宋政和四年（1114），以境内玉泉山命名设玉泉盐场。玉泉

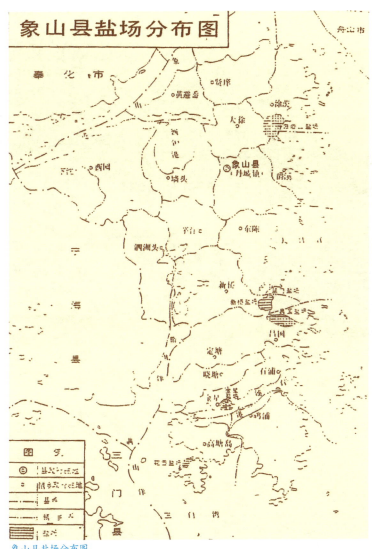

象山县盐场分布图

清嘉庆年间玉泉场图

山为象山东乡小祖山珠山之支脉，古为游仙乡，周边多为沿海滩涂，业盐者众。绍兴初年（1131），设玉泉场盐课司厅。盐课司旧设在县东北三十里，后移置县南一十里，置监盐官二名，文武通差，一押袋，一催煎。辖瑞龙、东村、玉女溪三场。嘉定四年（1211），分玉女溪为正场，以押袋为监官，催煎为玉泉监官兼领瑞龙、东村二场。元大德三年（1299），置监盐司令、司函、管勾各一名。时两浙盐地有三十四场，玉泉场为其中之一。明代，玉泉场一所，子场三，下隶陈晁、木瓜、厫后、下庄、浦东、浦西、马岗、定山、前洋、后菱、番头诸仓。设玉泉场盐课司一员，团一十一，总催一十五名。于钱仓、爵溪、石浦增设巡盐千户，昌国卫设巡盐指挥一员。

清顺治十八年（1661），政府实行海禁，沿海居民奉命离海三十里，迁入内地，玉泉场所辖近海场灶均迁入内地，卤地尽废，灶民流离失所。时玉泉场并入鄞县大嵩盐场，称嵩玉场，共存三团，煎灶一十六座。康熙九年至三十二年（1670—1693），展复沿海弃置灶田17741.9亩，招回丁口3887人。雍正年间（1723—1735），象山新聚团额有浦东仓千门团，五灶；下三仓番头团，三灶；浦西仓仇家山东团，八灶。乾隆五年（1740），析嵩玉场，复设玉泉场，隶宁绍嘉松分司，盐场有团有灶，灶有户有丁。乾隆九年（1744），场大使邓曰琏从县南五里移驻丹城黄家桥。嘉庆年间（1796—1820），有浦东、浦西二团，下设十七舍。及同治年间（1862—1874），新增下山团。

民国元年（1912），设玉泉场公署，移驻石浦南门石浦巡检司旧署。民国九年（1920），玉泉盐场产地有番东舍卤场、番西舍卤场、鸡鸣舍卤场、金东西舍卤场、浦东治岙舍卤场、中泥上下舍卤场、南堡舍卤场、岳头舍卤场、小乌东卤场、塘岸厂卤场、新沙厂卤场、双沙东西卤场、火灼厂卤场。民国二十五年（1936），盐场产地有海墩、海塘、南堡、樟岙、上塘、下塘、龙头江、上中塘、下中塘、蒲湾、晓塘、金鸡山、平阳厂、下洋墩、中泥、竿头。不久废海墩、海塘、南堡、樟岙。民国三十年（1941），又复南堡、樟岙。民国三十四年（1945）九月，玉泉场奉命纳入三门县长亭盐场。玉泉场公署原因石浦沦陷于1941年移驻三门海游，也同时迁回石浦。时玉泉盐场产区境跨象山、宁海、三门三县，下辖中竿、上厫、浦东西、金东西、番东西、建康、健跳7场务所，绵延200余里，盐田面积126.66公顷，有灰场329支，晒坦1282格，晒板249块，煎灶235座，共有盐区24处。其范围之大，为该场有史以来所未见。

1949年7月9日，两浙税警总队副总队长兼玉泉场场长包毅率税警总队及公署公务人员共千余人，于石浦金鸡山起义，税警总队改编为人民盐警大队。8月开赴宁波，编为宁波军分区警卫二团。9月，象山县人民政府接管玉泉场。11月，废玉泉场公署，改为玉泉中心所。1950年6月撤销玉泉中心所。8月，相继裁撤浦东西、中竿、长亭等盐区。至此，玉泉盐场历宋、元、明、清、民国及新中国八百多年沧桑，终于完成了自己的历史使命。

白岩山盐场

白岩山盐场始建于1971年，由大徐区人民政府组织涂茨、大徐、爵溪、雅林溪4个人民公社、54个生产大队联合开发建设，历时3年，于1974年元旦建成。盐场位于象山东北部，北依涂茨白岩山、鸡笼山，西连杉木洋盐场，南靠爵溪公屿村，东临大目洋，以白岩山命名。场区东西长2.35千米，南北宽3.35千米，总面积688.9公顷（10334亩）。1997年，盐场建设国家标准海塘，海堤从白岩山至下岙门，总长3045米，主副坝分别长2166米、879米，总投资2100万元。盐场建有公路4条，总长8300米，公路桥9座11孔；建有纳潮河、3座14孔大型碶闸和排淡河碶闸。盐场于1978年试产，1981年全面投产，年产量突破万吨。1992年全场有71副盐滩，生产面积377.31公顷，其中蒸发面积312.54公顷；结晶池949个，面积26.61公顷；卤池1055个，面积

白岩山盐场

16.61公顷，容量119510立方米。是年试产日晒盐成功，质量符合国家一级盐标准，产量1.9173万吨。2004年，原盐产量达3.027万吨，占全县总产量的35%。1978~1990年，总运销盐10.3431万吨。1992年后，分配调运1.2496万吨，占当年产量的65%。销区近至宁波、奉化、余姚、慈溪、萧山等市县，远及上海、江苏、安徽等省市，2002年后多次出口日本、韩国等亚洲市场。2007年，白岩山盐场转废，改建为县产业园区。

昌国盐场

昌国盐场系镇村联办股份制盐业企业。1967年12月，由昌国人民公社组织昌一、昌二、昌三、昌四、昌五、昌六、新鹤、田下岭、镜架山、潭地、马盘、鸡鸣、蛟龙（1970年加入）等13个生产大队，启动联合围塘建设。1972年4月，筑成3849米长的海堤（土石混合坝），同时建成4座17孔碶闸，并先后建成长3985米、宽25米、深1米多的纳潮

昌国盐场

河，2条长4000米、宽30米的排淡河。1974年，第一排盐滩投产；1976年，全面建成三排盐滩，全面投产。1992年，全场有66副滩，生产面积389.96公顷。有蒸发面积311.7公顷；结晶面积27.53公顷；卤池1075个，面积12.01公顷，容量75338立方米。是年盐产量2.17万吨，人均产盐54.55吨，列全县之首。1998年建设国家高标准海塘，海堤从大旗头至串鼻头，全长4306米，其中主副坝各长2612米、1230米，总投资1603万元。2004年，原盐产量达2.76万吨，占全县产量的32.5%，为历史最高年成。食盐运销遍及省内宁波、杭州、奉化、余姚、萧山、绍兴、嵊县、上虞、仓南、东阳等市县，省外至上海、江苏、安徽等，以水运为主，陆运次之。2007年，昌国盐场经省政府批准转废，第一期为101公顷，第二期为200公顷。

新桥盐场

新桥盐场位于象山县新桥镇高湾村。1971年1月，由浙江省轻工

新桥盐场

业厅批准建设，由新桥公社高湾、关头、七林湾、高塘、黄公岙、上七里、下七里、新桥、东狮、石柱里、石柱外等11个大队联合围垦筑塘，历时3年，于1974年1月先后完成40米长头门坝、936米长南塘坝和1250米长北塘坝，合计2226米。盐场三面环山，南接七林湾，北依咸山湾、塔嘴头山，东临大目洋，面积337.33公顷（5060亩）。1977年3月，开通1717米长的高湾和1170米长的七林湾农区排淡河，开挖南北2座咸水库，总容量7.7万立方米。至1978年，建成南北大坝和5座8孔碶门，其中3座用于农盐田排淡，2座用于纳潮。1979年建成南北2条长1730米的高沟渠道和2座供水机埠，是年9月首批产盐602吨。至1992年，全场有31副盐滩，生产面积220.21公顷。有蒸发面积174.88公顷；结晶面积14.65公顷；卤池228个，面积4.23公顷，容量29610立方米。1992年产盐11760吨。此后，新桥盐场不断改进晒盐技艺，提高盐业产量，为象山县保留至今的盐场之一。

旦门盐场

旦门盐场位于象山县东陈乡王家村平石涂。1970年，浙江省轻工业厅批准建设。1971年，由旦门公社旦义、大湾、上周、旋台、平石、乌岩、梅林、王家、东旦、王家栏、双农、松渔等17个大队联合围垦，历时2年，于1973年12月第一次合拢塘坝，全长1214米。1974年遭台风，塘坝倒塌。1976年8月再次合拢塘坝，并建成南北3座5孔碶大坝，长1214米。1979年盐滩建成投产，以各大队投入劳动工、资金比例分配盐田面积自行经营，是年盐产量2010吨。1981年，改变分散经营体制，实行全场统一核算，固定盐工。是年盐产量达3609吨，为上年的179.5%。1987年列入浙江省标准盐场建设计划。1992年盐业生产面积133.95公顷，蒸发面积104.14公顷，结晶面积8.87公顷，卤池197个，面积4.84公顷。当年盐产

旦门盐场

花岙盐场

量8621吨，人均产盐50.93吨，创历史最高水平，采用机械提卤蒸发、机械压摊，盐业生产全面实现机电化。

花岙盐场

花岙盐场位于象山最南端，地处高塘岛乡花岙岛，三面环海，以岛命名。1968年，原象山玉泉盐场老盐区金星公社为解决地少人多问题，谋求劳力出路，征得高塘公社同意，在花岙建设盐场。是年3月，经浙江省轻工业厅批准，金星公社组织平阳厂、上金鸡、下金鸡、下盐、南向、司前6个大队赴花岙岛牛轭埭联合围垦，于1969年12月建成长2320米、高5米、宽45米的土石混合大坝及2座碶闸。盐

场东接金高椅港，西濒三门湾，北临珠门港，背靠大佛山，围涂总面积333.33公顷（5000亩）。1970年完成2000米纳潮河和1930米排淡河各1条。1971~1972年建成15副盐滩，次年又利用边角杂地建成小盐滩9副，共单元滩34副。1992年全场有32副盐滩，生产面积119.2公顷。有蒸发面积95.64公顷；结晶面积8.05公顷；卤池279个，面积2.98公顷，容量5175立方米；小盐仓93间、34座，面积2233平方米，容量4660吨。1992年，产盐6336吨。20世纪90年代，盐场不断提高机械化水平，盐业生产稳定发展，年盐产能力达7000吨，属浙江省为数不多的海岛盐场之一，至今仍在生产。

[贰]产量

唐代，浙东是"茧税鱼盐，衣食半天下"，盐业生产在浙东一带具有重要地

盐坨

位，惜象山无具体盐产记录。

　　宋代皆以盐课定"岁额"、"引额"，以控制产盐之数。宋宝庆年间（1225—1227），玉泉场产盐4160袋，瑞龙场1060袋，玉女场1060袋，共计6280袋，以每袋300斤计，岁产额盐18840担。元延祐

盐民扫盐装筐

盐民堆盐

年间（1314—1320），玉泉场岁额办盐9343引（每引400斤），计37372担。至正年间（1341—1368），岁煎盐实办13117引，计52468担。明嘉靖年间（1522—1566），象山办盐灶丁1750丁半，每丁办盐176斤4两3钱，岁办课盐2521引366斤余，岁产额盐约10098担。清雍正年间（1723—1735），岁产在万担左右。

民国三年（1914），玉泉场产盐10.85万担（其中晒盐1.04万担，煎盐9.81万担）。十年，玉泉场产盐16.2万担，未几，供大于求。十四年，产量降至3.14万担，后经场署招商认

原盐灌包

购，场产逐步回升。二十年，产量为18.29万担。该场于民国十八年调查：每一晒坦，春、秋、冬三季可产盐二三十斤，夏季产五六十斤；煎灶每锅可制盐四五十斤，昼夜煎八九次。后台盐滞销，盐产量徘徊不前。抗战时期，沿海各省沦陷，食盐紧缺，年产量仍在14万担至18万担左右。二十五年，县大旱，年产盐达27.69万担。次年四月，石浦沦陷，盐区受敌伪骚扰，无商收，盐民多自产自销，产量减少。玉泉场后期调查，年产盐约5.5万担。时蒲西区盐民较战前减少三分之一。

抗战胜利后，盐产稍有回升。民国三十五年（1946）为12.53万担。三十六年，因华北、长芦、山东、淮北等盐区待复，盐源不丰，两浙盐区奉令增产。是年恰逢天时适宜，玉泉场年产盐21.79万担，比省核定数14万担增加7万余担。三十七年，盐产降至13.888万担。三十八年，盐区以盐易米盛行，玉泉场署允许农民以米兑盐，场署以米向盐民收盐。是年，盐产仅1.59万担。

新中国成立后，人民政府接管玉泉场，整顿盐产，动员恢复生产。1950年12月，贯彻执行《浙江省废场转产》指示，盐区废场转产先后有蒲东西（杉木洋、南堡、海塘）、中竿两盐场，年产减少1160吨。至1952年，场区剩金星、番头两处，年产仅5000余吨。次年，盐场管理处发动盐民开展"立功创模"活动，盐区组织互助合作，激发盐民生产积极性。1957年，单产由1952年的36.57吨/公顷增至93.06吨/公顷，年产10162吨。

1958年"大跃进"中，沿海人民公社大办盐场，恢复部分废场并建设新场。1958年、1959年盐产分别升至13414吨、16190吨。1962年，调整国民经济结构，新建盐场停办，老场再次裁废，加之自然灾害，是年盐产减至4944吨。经三年调整及采取售盐奖粮等措施，盐产逐步回升，1967年达15267吨，之后均在10000吨上下。1978年起，昌国、新桥、白岩山、旦门、花岙等新建盐场相继投产，当年产盐21704吨，首次超过20000吨大关，盐业生产进入新的发展时期。

1984年，象山县产盐41487吨，后不断增加，至1986年升至60516吨，突破60000吨。1990年产盐56085吨，每公顷产盐44.51吨。"七五"时期，年均产盐44672吨，是恢复时期的4317吨的10倍多。1992年产盐67529吨，为历史最高年，占宁波市总产量175394吨的38.5%，跃居首位，成为浙江省第三产盐大县。2006年后，由于盐场转废面积加大，盐产量迅速减少，至2008年，全县年产盐仅34060吨。

民国时期玉泉场原盐产量

单位：担

年份	产量	年份	产量
三年（1914）	108500	二十四年（1935）	71500
九年（1920）	110960	二十五年（1936）	276900
十年（1921）	162040	二十六年（1937）	147240
十一年（1922）	74280	二十七年（1938）	178880
十二年（1923）	102840	二十八年（1939）	145200
十三年（1924）	87140	二十九年（1940）	276980
十四年（1925）	31400	三十年（1941）	3500
十五年（1926）	76280	三十一年（1942）	
十六年（1927）	131440	三十二年（1943）	
十七年（1928）	144520	三十三年（1944）	
十八年（1929）	160380	三十四年（1945）	
十九年（1930）	149800	三十五年（1946）	125300
二十年（1931）	182940	三十六年（1947）	217900
二十一年（1932）	249000	三十七年（1948）	138880
二十二年（1933）	256140	三十八年（1949）	15920
二十三年（1934）	154760		

新中国成立后全县原盐产量

（1949—2008）

单位：吨

年份	产量	年份	产量	年份	产量	年份	产量
1949	796	1964	10669	1979	34802	1994	85149
1950	414	1965	9675	1980	22561	1995	76191
1951	6596	1966	11160	1981	39712	1996	65813
1952	5941	1967	15267	1982	30450	1997	46994
1953	8011	1968	10335	1983	28974	1998	46512
1954	7359	1969	11306	1984	41487	1999	37245
1955	12111	1970	8018	1985	49834	2000	55431
1956	8965	1971	16868	1986	60516	2001	55470
1957	10162	1972	6600	1987	31241	2002	45534
1958	13414	1973	4645	1988	44400	2003	75116
1959	16190	1974	12387	1989	31120	2004	85000
1960	9906	1975	8398	1990	56085	2005	66059
1961	8702	1976	13918	1991	57135	2006	41420
1962	4944	1977	12094	1992	67529	2007	50070
1963	12902	1978	21704	1993	46378	2008	34060

[叁]产品

象山旧盐谚云“盐如玉，好吃肉”，言盐色莹白、质地好，就能卖得好价钱。象山盐场力求提高盐的品质，不掺杂质。大清律盐法规定,"凡客商将验过有引官盐拌和沙质卖者,杖八十"。民国三年(1914),政府颁布《检查食盐章程》:"食盐之含有氯化钠含量应在85%以上;食盐之含有水份应在10%以下;食盐应色质洁白,不得掺入苦卤泥沙与妨碍卫生诸杂质及过量水份者。"民国三十六年(1947)颁布《盐政条例》,其中第五条规定,盐之品质视其氯化钠含量分三等:一等氯化钠含量90%以上,二等85%以上,三等70%以上,三等盐不能充分食用。

象山玉泉盐场盐质化验,抗日战争前送余姚食盐检定所检定,其后送黄岩盐场检定所检定。

民国前期玉泉场盐质经检定均为二等盐,平均氯化钠含量在规定的85%以上。

时 期	盐 种	氯化钠含量	水分含量	杂质含量
民国七年(1918)	晒盐	88.41%	3.12%	
	煎盐	86.70%	9.52%	
民国十八年(1929)	晒盐	88.41%	3.12%	8.40%
	煎盐	87.77%	9.52%	3.71%
民国二十年(1931)	晒盐	88.41%	3.20%	

新中国成立后,象山盐区一直致力于盐质的提高。各盐场投入资金进行大平滩改造(除草、除污泥)、结晶区排淡沟改造,原盐质量不断上升,一级盐达96%以上,一直保持至今。

象山所产盐为海盐,古时称"散盐",又称"末盐",品种繁多。

洁白如玉的盐坨

按生产方式不同，分为煮盐和晒盐；按行销分，清时宁波沿用"票行法"，则可分为"票盐"和"引盐"；按制造方法分，可分原盐、粉碎洗涤盐、精制盐、日晒盐、特制细盐；按用途不同，可分为食用盐、工业盐、渔盐、农牧盐、酱盐等，其中食盐又可分为加碘盐、非碘盐、腌制用盐、味精用盐、自然食用盐等。此外，旧时还有"老少盐"之谓，"无告穷民，肩贩（盐）为生"，其所售之盐称"老少盐"。

象山传统生产的盐有以下几种。

古法煎盐

　　煎制盐　旧时通过刮泥淋卤法或晒灰制卤法制成盐卤，然后放于锅中煎制而成的盐，称为煎盐、煮盐。此种盐从唐宋以来一直生产至新中国成立初期，1952年象山尚有煎灶235座。煎盐成为象山的主要食用盐。

　　撩生盐　煎盐之一种。把过滤出来的盐卤放在盐灶上，经旺火煎熬七八个小时左右，卤水在盐锅中即将烧尽，逐渐结晶为固体，锅面上显现出密密麻麻的盐泡，并发出"嗦嗦"的声音，盐民俗称"奶哺（乳头）盐"。烧盐人随即拿起盐锹（盐翻铣），将锅中的一半盐撬起放到另一半上，同时用盐锅铲（约40厘米长、3厘米宽的锐器，有柄）不停地往锅底搅铲，防止沉淀成焦黑。铲起锅底的盐不断往上叠，叠成"金字塔"状为佳。从"金字塔"顶割撬而来的盐，就叫"撩生盐"。由于盐卤的杂质随着热量渐渐往下渗，上面的粒子细小，颜色洁白。俗语曰"割面似好货，觑见颜如玉"，撩生盐是盐民送给亲朋好友的礼品。

盐砖　煎盐之一种。预先叫木匠做好若干个长25厘米、宽8厘米、厚5厘米的木框盐砖扼（盒模），把砖扼放在干净的木板上，木板上铺一层薄膜（古时铺一块白布）。取洁白撩生盐若干斤倒入砖扼内，经敲、跺，以结实坚硬为好，然后将砖扼脱卸，用稻草捆扎，放在灶炉中煨焙12小时左右，将盐煨干去湿，取出即为"盐砖"。旧时认为此盐有排毒、化痰的功效，是上等礼品。

荆竹盐　煎盐之一种。截红壳笋小竹若干段，呈竹筒形状，把洁白的撩生盐一匙一匙往竹筒内填灌，装至九成时，再用小木棍捅至坚硬结实。竹筒口塞上堵纸后煨焙（方法同盐砖），竹裂后取出，即为"荆竹盐"。旧时传为治小儿疳积的秘方。

晒制盐　清嘉庆年间，象山晒盐技艺兴起，煎灶渐减。民国时

盐砖

制盐砖

制荆竹盐

荆竹盐

期，象山晒制盐与煎制盐并举，象南盐区多晒制盐，象北盐区多煎制盐。晒制盐逐渐成为食盐主体。

渔盐　专供渔业生产需要用盐，属于生产性特殊供给。象山是渔业生产重要区域，鱼汛期间需要大量食盐进行鱼鲞腌制等，历代盐业专管部门都给予特殊配给，史称"渔盐"。民国十年（1921），浙江省令渔船一律登记，凭证发放渔盐。由于渔盐和食盐税额相差三分之二，为防有人以渔盐充作食盐贩卖，民国二十三年（1934）九月，盐场公署奉命实行"渔盐变色"，以红土或煤灰拌入渔盐，使之无法食用。但变色渔盐有气味，导致腌鱼腐烂，遭渔民反对。舟山、象山、奉化等地渔民和盐民集体聚合，反对当局推行"渔盐变色"，请愿人众至岱山东沙司秤放局，途中遭盐警镇压，打死两人，激起公愤，形成盐渔民暴动，打死秤放局长廖大头等十余人。

日晒特制细盐　1981年，象山白岩山盐场试制日晒特制细盐。其制法是在卤水达到22波美度时，用石灰乳净卤或直接澄清，结晶池黑膜垫底，结晶成盐后，用离心机或日光干燥脱水。当年试产6吨，盐色白，粒细匀，杂质少，氯化钠含量在95%以上，符合浙江省细盐质量标准，适合食品工业及民食，年批量生产50吨。

加碘盐　即在食盐中加入微量元素碘，用以防治碘缺乏病。1995年初，象山盐业公司购置一批辽宁丹东产的加碘机，采用机械加碘或人工加碘方法生产加碘盐，7月1日投放市场。1996年初，宁波开始实施加碘盐项目，分为象山加碘盐项目和宁波盐业站加碘盐项目，后象山加碘盐项目更改为宁波市盐业有限公司加碘盐项目，有7个单位工程。其中宁波市盐业有限公司加碘盐项目暨象山、北仑、鄞县3个分项目于1996年11月15日通过全国食盐定点生产企业质量体系评审，年底即获全国第一批食盐定点生产企业证书。象山加碘盐年生产能力达2.8万吨，分装碘盐小包装，供应市场。

生态原盐　是由象山新桥盐场生产的、国家级非物质文化遗产日晒海盐技艺体验区旅游赠品盐，细腻、洁白、不加碘。

制盐技艺

象山自汉唐至宋代、清代，历代制盐因袭旧法，煮海为盐。清嘉庆年间引入板晒技艺，清末又引入缸坦晒技艺。二十世纪六十年代改为滩晒制盐，这是盐业生产方法的重大改革、制盐工艺的一大进步，如今象山各大盐场均采用此技艺。

制盐技艺

　　象山自汉唐至宋代、清代，历代制盐因袭旧法，称"煮海为盐"或"熬波"，这种烧盐技艺在个别地区一直沿用到20世纪50年代初，象山杉木洋村是其代表。清嘉庆年间（1796—1820），象山从舟山定岱盐场引入板晒制盐，清末又引入缸坦晒制，是盐业生产工艺的一大变革，一直延续至20世纪50年代初，此为板晒、缸坦晒时代，形成了板晒技艺和缸坦晒技艺，象山金星、番头为缸坦灰晒代表。1958年，象山引进"流、枝、滩"制盐法，后因成本高、效益差，改为平滩晒盐，这是盐业生产方法的重大改革、制盐工艺的一大进步，迄今未变，是为滩晒时代，形成了滩晒技艺，今象山各大盐场均采用此技艺。

[壹]煮盐技艺

　　在我国，人工海水煮盐历史久远。在宁波地区，煮盐始于春秋战国时期。[1]煮海水取盐，是尚处较原始阶段的技术水平。到唐代，出现了先将海水制成卤水、再将卤水烧煎成盐的技艺。这是盐业生产一大进步。《新唐书·食货志》载："霖潦则卤薄，暵旱则土溜

---

[1]　陈桥驿《浙江盐业志·序三》："越人谓盐曰余，余姚、余暨、余杭地濒沿海，其地名都与于越的盐业生产有关。"宋宝庆《四明志》载，古鄞县"居民喜贩鱼盐"。

坟。"意思是如遇久雨，生成的卤水浓度不高，数量亦少；如遇干旱，则可以刮盐泥堆成坟状的土溜，制取大量的卤水。可见，唐代时已采用"刮泥淋卤法"。象山玉泉场的盐民一直沿用"刮泥淋卤"的方法烧盐，直至新中国成立以后。20世纪60年代，在食盐供应困难时，部分盐民仍刮海滩盐泥取卤、烧盐供自己家庭食用。2008年，象山杉木洋村老盐工通过发掘，重新展现了古代传统的煮盐技艺。

一、刮泥淋卤法

1. 辟摊

于近海傍潮之处开辟盐田，削去草根，光平如镜，名曰摊场。摊

古代开辟摊场图

场分上、中、下三节，近海为下场，以潮水时浸，不易乘日晒；中为中场，以潮至即退，恒受日，易晒土；远于海为上场，以潮小不至，必担水灌晒，方可开晒。凡潮汛，上半月十三日起水至十八日止，下半月二十七日起水至初三日止，潮各以此六日大满。故当潮大之时，三场皆没。自初三、十八以后，潮势日减，先晒上场，次晒中场，最后晒下场，故上、中场每月晒两次，下场或仅得其一次。盛夏二日或三日，晒力方足；严冬则西北风尤胜日晒。[1]

2. 刮泥

俟地起白霜（盐花），用铁铲收起，名为刮土。三月谓桃花土，六月谓伏土，九月谓菊土。伏土最咸，桃花土、菊土次之。[2]象山民

树丛处原为中泥灵岩下山旧时刮泥形成的盐泥墩

[1] 见民国《象山县志·实业考·盐业》。

[2] 见民国《象山县志·实业考·盐业》。

间称这些含盐花之泥为"盐泥"。柳永[1]《煮海歌》云："年年春夏潮盈浦，潮退刮泥成岛屿。"退潮后刮下有盐花的盐泥堆成一堆，于"盐溜"中取卤，"盐溜"取卤后盐泥堆积在一起成盐泥墩，犹如岛屿。

3. 筑"溜"取卤

柳永有诗云："风干日暴盐味加，始灌潮波溜成卤。""溜"（或"溜"）是制卤的设施、工具，各地做法不一，有圆形溜，也有矩形溜。象山杉木洋村相传筑圆形溜，即选择一块作"溜"的土地，开挖

盐民踩溜——将溜碗内灰踩实

[1]　柳永，字耆卿，北宋著名词人，曾任定海盐官，其《煮海歌》反映了宋时浙江东部盐民生产、生活的艰辛。

将灰溜夹内海水加入溜内淋卤

一直径约两三米的锅底状泥坑，用细泥敲实、敲滑，溜旁开一井，或用水缸，以盛溜中卤水。溜底覆一层柴草，然后挑盐泥填入溜中，铺一层用足踏实，再铺一层用足踏实，层层踏实，然后用稻草覆盖。象山一般一溜可填盐泥二十四担，也有三四十担不等，大者一溜可容一百二十担左右。其后每日挑海水泼草上，经一昼夜，海水缓缓渗入盐泥中，盐泥之卤入溜底，滴入缸中，即成盐卤。姚士粦《见只篇》说到一种柜形[1]溜：周筑土圈如柜，长八九尺，阔五六尺，高二尺，深三尺。旁即开一井，深八尺，井或即用缸以承溜。溜底用短木数段平铺，木上更铺细竹数十根，复覆之以柴，然后取盐泥填入溜中，用

[1]　"柜形"应是今天的"矩形"，即长方形。

足踏实,再以稻草覆泥,挑海水多泼草上,使缓缓潜渗入井中成盐卤。大约一溜之卤可得二十余担,大溜之卤而更多。

4. 验卤(试卤)

卤井或卤缸中的卤水需验卤度。唐宋以来,象山盐民已经掌握了用石莲子测定卤水浓度的方法。[1]民国《象山县志》载:"用两竹管,约长六七寸,并缚于细竹竿头,分置十莲于管内,管口用竹丝隔定,探入卤井。卤沃莲浮,浮三、四莲,味重;五莲俱浮,尤重,浮取其重。若横直相半则味薄,莲沉于底,则卤不能入煎矣。"意思是石莲全浮为浓卤,半浮为半浓淡卤,浮三莲以下为淡卤,则不作煮盐用。

5. 烧盐

旧有团、舍建有灶座,用于烧盐。烧盐主要工具有煎灶、铁盘、篾盘、铁锅等。

灶户烧盐,一般喜用松毛柴。杉木洋村盐民说:"一斤松毛一斤盐。"一灶四口锅,一锅七八十斤卤,大约用三百多斤松柴煎十小时,即可成盐。柳永有诗描写煮盐场景:"船载肩摩未遑歇,投入巨灶炎炎热。晨烧暮烁堆积高,才得波涛变成雪。"元陈椿描写灶户煮盐时的辛苦:"盘中卤干时时添,要使盘中常不绝。人面如灰汗如血,

---

[1] 唐中期始用石莲子测定卤水浓度,此法也称"管莲法",宋时得到进一步普及、改善和推广。象山惯用此法,一直延续到新中国成立后。

盐民烧盐

民国时期玉泉中泥蓬灶煎盐图

终朝彻夜不得歇。"[1]烧盐时，盐民昼夜不歇，轮班操作。据《宁波盐志》记载，一般是用一口铁盘与若干口铁锅组合煎盐，铁盘安放在靠近灶口的火门处，铁盘后直排二至四口铁锅（也称温锅）。煎盐时，卤水从卤桶由竹溜泻入盘中，同时注满温锅，即可起火开煎。其温锅之卤是利用烟道余热加温。盘中卤水加热后，温度增高，卤水沸腾，水分渐渐蒸发。盘中卤水减少后，可将温锅之温卤注入盘中，再补充冷卤于温锅中。当卤水愈沸愈凝时，称为"起楼"。此时可将温锅内的温卤适量加入到盘内，称为"掺汤"。在掺汤时可投以少量皂角或白矾、米粉、麻仁等物，盘内顷刻即晶莹成盐，即用铁锹锹入箩内。

自清代以来，象山杉木洋村盐民已不用铁盘烧盐，全部用铁锅。他们所打的煎灶，是一灶四镬——灶口一镬，中间二镬，出口一镬，中间二镬用于炒锅（烧锅），其余二镬为温镬，加热卤水，使水分蒸发，并不时将温镬之卤加入烧锅中，而冷卤不断补充进温镬之中。2008年，杉木洋村老盐民重新发掘该项技艺。

旧时煎熬一盘盐需一至二小时不等，因天气之冷热、空气之干湿、卤质之浓淡、柴薪之种类、铁盘之深浅而有快慢。一盘既成，即注卤续煎，昼夜不绝火，一般三至十天始行熄火。从点火到熄火谓

---

[1] 陈椿《题熬波图》中《捞洒撩盐》一诗。陈椿，浙江天台人，元顺帝元统二年（1334）时任两浙下砂盐场（松江华亭县）司令。有《熬波图》二卷、图四十七幅，其诗反映了灶户从事盐业劳作的情景。

之一"造"，其一造之日数，各灶皆有一定期限，由官府酌定。熄火之后，即将铁盘拆卸，他日开煎重新砌盘。

古代铁盘煎盐受官府控制，只可在团灶内煎煮，绝不允许在野外私煎。

铁盘煎盐每灶每盘用卤约16担，一昼夜可煎12盘，约可成盐4200余斤，平均每担卤成盐21.8斤。

烧盐是一项技术活，稍有不慎，盐被煮焦、煮黑，就会影响质量。故烧盐时老盐工十分专注，把握火候，掌握时机。

二、晒灰制卤法

刮泥淋卤法后，出现了晒灰制卤法，亦称摊灰淋卤、泼水淋卤，一般认为从元代开始。此法有晒灰取卤、淋卤、试卤、煎晒成盐四道主要工序，但晒灰取卤前仍需纳潮、辟摊等步骤。

1. 纳潮

近海筑塘御潮，另建碶闸，纳潮排淡。开沟筑塍为界，采用挖潭贮潮。

2. 辟摊

即开辟灰场。通常选在傍海附团卤地，一般以一条土塘内的盐田为一个生产单位，内置数十支灰坦（摊）。每支灰坦面积约2～4亩，呈长方形，坦四周筑塍，塍外有沟。坦内分左右两片，成双行排列30～40堆灰堆，每堆灰料重200余斤。每支灰坦内置2～3个漏碗，

金星盐场的灰场及灰漏夹（沟道）

晒灰前向场泼海水，提高盐度

灰坦四周为引入海水的坦沟。坦外常挖有水潭，储存海水，与坦沟相连。象山玉泉场下山团金东西、番东西、中泥等产盐地，其盐田多为黏土，颗粒细，黏力大，渗漏较缓，均采用灰晒即摊灰淋卤法制卤。先用削刀削松滩场泥，随以碌扒（一种碾泥工具）碌碎，更用竹竿揽（敲打），使极细极平，状如灰，后用木炭取代泥灰，平铺在灰坦内吸盐而制卤。

3. 泼水

挑潭中海水，用木瓢洒泼匀透，使泥（灰）吸收海水中盐分。日中再泼再晒，至日落。

4. 摊灰

用灰锹将成堆的灰籽均匀地撒在坦面内，摊灰后加泼海水，增加灰籽的盐分。

5. 掠灰

摊灰后，将结块成团的灰籽用小竹竿掠散。同时将靠近坦沟的灰籽扫拢、敲散，使灰籽更加均匀、平整地铺撒在坦面上，这个过程叫"扫灰边"。

6. 搪灰

又称推灰。傍晚时，将经过一天太阳蒸晒的灰籽推拢成行，用木板夹成长堤状，以防夜雨。次日天晴，仍摊灰、晒灰，方法如前。一般盛夏二至三日、秋冬四日，泥（灰）中已饱含盐分。

摊灰

搪灰

摸灰脚——搪灰后清扫灰场内留下的细灰

7. 挑灰

将经过多日蒸晒的已变咸的灰籽用土箕挑到溜（或称"漏"、"漏碗"、"灰漏"）内，踏实敲平。古人有诗云："枕灰上担去复还，倾灰满淋高如山。"[1]

挑灰入漏碗

8. 淋漏

亦称"淋卤"。用勺子将坦沟内的海水舀入"漏"内的灰堆上，不久即有盐卤从漏底流出。灰漏淋卤比泥漏淋卤出卤更迅速，一般一漏出卤二十余担，五担卤可煎盐二百斤。正如陈椿诗云："一淋灰半湿，再淋灰欲泣。三淋四淋灰底透，竹笕通池如雨集。"[2]

淋卤出卤

---

[1] 陈椿《题熬波图》之《淋灰取卤》。
[2] 陈椿《题熬波图》之《担灰入淋》。

9. 煎制

同刮泥淋卤法的烧盐过程。

晒灰制卤法较刮泥淋卤法有一定进步：一是灰料吸收盐分的性能比泥土好，能缩短成卤时间、增加成卤量；二是淋卤快，缩短淋卤时间；三是劳动负荷有所减轻；四是晒灰制卤在坦塘内作业，不受海水潮汐影响，晴天即可开晒，增加了晒灰天数。不足之处在于围塘、建坦工程量大，成本高。刮泥淋卤是用泥土增咸，晒灰制卤是用灰籽增咸，其区别就在这里，至于制卤、烧煮，基本上是一致的。

[贰]板晒、缸爿坦晒技艺

利用日光和风力的蒸发使卤成盐的方法俗称晒盐，亦称"晒制"。以日光、风力等自然资源代替柴薪煎盐，乃是海盐生产技术的一大进步。象山另有板晒、缸爿坦晒制盐的记载，见之于县志"清嘉庆年间，晒制兴起，煎灶渐减"，"从定岱盐场引入'板晒'"的记述。[1]象山邻县宁海亦有"迨清乾隆年间，创坦晒之法"的记载。[2]《余姚六仓志》记载："晒盐始于咸丰壬子年（1852），用泥板。咸丰末（1861），岱山盐板夹潮水冲来，依式改用木板煎（晒）盐。"镇海清泉场在同治年间（1862—1874）陆续改煮盐为板晒。鄞县大嵩场于民国二十年（1931）始废煎改晒。[3]可见浙东盐场改用板晒、坦晒

---

[1]　陈汉章主编民国《象山县志》。

[2]　《宁海盐政志》。

[3]　《宁波盐志》，宁波出版社，2009年。

均在清乾隆以后，在清末至民国初年完成。

一、板晒技艺

板晒即卤水在盐板上蒸发、浓缩成盐。相传定海县岱山盐民王金邦在挑盐劳作中发现，挑盐扁担凹处积卤，经日晒后凝结成盐，他深受启发，便用家中门板加边沿后盛卤晒盐，见到白花花的盐的结晶，获得成功。后依式制造盐板，先在定岱盐区推广，后逐渐推广到整个浙东。象山在嘉庆时期(1796—1820)推广板晒法，一直沿用至民国初年。据象山杉木洋村老盐民回忆，板晒法在杉木洋村实行过，一直到新中国成立前，晒出的盐花雪白，质地很好。

板晒制盐前期的制卤过程同刮泥淋卤法和晒灰制卤法，卤成后，则还有以下几道工序。

1. 制板

盐板是主要的生产工具，用杉木制成，四周围以边框，板面平滑，合缝之处以尖凿錾成钭缝，涂嵌桐油石灰，以杜绝渗漏。板底有四根横档，用以支撑盐板。盐板直框两头伸出板面，制成手柄，供抬扛盐板之用。象山盐板长2.045米，宽0.851米，深0.032米，面积1.74平方米。

2. 扛板

扛板有扛开晒盐和扛拢防雨露水稀释两种。在晴天早晨五六点左右，将前一夜已扛拢的盐板扛至盐板桩上，准备上卤晒盐。盐板通常是整齐成排安放。每天收盐后或遇天转雨不能继续晒板时，需将晒板扛拢在一起。通常以10块盐板叠为一幢，上下摆放，最上面一块盐板需反向覆盖，防止板内盐卤被雨水或夜间露水稀释。遇有风雨，每幢盐板还需用2道绳索捆扎，以防风吹损坏。

3. 加卤

盐板扛开后，根据蒸发量大小往盐板上灌适量卤水，俗称"拗卤"。加卤操作是用卤吊或水勺从鲜卤缸中舀卤注入盐板。一般一只卤吊可盛水11千克，旺季每块盐板需卤1吊，平季每3块需卤2吊，淡季每块加卤半吊。

4. 查板

加卤后需进行巡回检查，看盐板是否平整，发现漏板应及时用石灰堵漏；午后再检查一遍，如卤不够，应继续加点卤水。检查、加卤是为防止烤燥板，影响盐的产量和质量。

5. 收盐

一般旺季可当日成盐，淡季2日才能成盐。收盐一般在下午5点左右，一人用盐扒板把板内之盐推拢，集于一角，一人用盘铲将盐铲到盐箩内。收盐后的盐板即可堆放成10块一幢，待明日再行扛板开晒。

6. 沥卤

收拢的盐还不能成"盐"，还要经过沥卤。即把盛盐的盐箩放

收盐入仓

置在苦卤缸上，沥卤一夜，苦卤下坠于缸中，这样既可回收苦卤，又可减少盐粒水分。

7. 入仓

第二天上午，盐民将经过一夜沥卤的盐挑入盐仓内存放。每块盐板，旺季日产2～2.5千克，平季1～1.5千克，淡季0.25千克左右。

二、缸爿坦晒技艺

坦晒是指在平整的池面上，卤水经日光和风力的蒸发，逐渐浓缩成盐。根据结晶池面材料的不同，坦晒可分为泥坦、缸爿坦、缸砖坦、青砖坦等。相对于板晒来说，缸爿坦晒又是晒盐技艺的一大进步。象山历史上最著名的是缸爿坦晒。

缸片坦晒是指以碎缸片铺垫作为结晶池面晒盐。清代顾炎武《天下郡国利病书》载:"有甃砖作场,以沙铺之,浇以滴卤,晒于日中,一日可以成盐,莹如水晶,谓之晒盐。"象山引坦晒之法在清嘉庆年间(1796—1820)。嘉庆六年(1801),《钦定二浙盐法志》载,玉泉场下分十区中有七区用缸坦结晶晒盐,各区的煎灶和晒坦数量见下表。由此可知,象山玉泉场在嘉庆年间是煎灶和坦晒并存,而坦晒主要是在象山南部地区。

玉泉场各区煎晒制盐设备分布[1]

分区名称	煎灶(座)	晒坦(格)	备 注
番东	17	192	
番西	26	186	
金东	17	108	蒲湾、小港
金中	33	220	金鸡山
金西	25	171	平阳厂、下洋墩
中泥	9	70	
竿头	10	72	
杉木洋	7		
胡大	9		
南堡	6		
小计	159	1019	

[1]　见《象山盐业志》。

缸爿坦

缸爿坦晒主要技艺如下。

1. 建坦

缸坦多设于盐田高墩之上，坦基选用黏土夯实，勿使渗漏。缸坦四周围以木板或竹片，以防卤水溢出，坦内铺碎缸片，大的缸坦内可划分成数小格。每坦建有排放卤水闸口1～2个。坦侧筑有卤池，上覆茅草，以备天雨时保卤之用。一般以漏碗（溜）和灰堆的多寡确定晒坦的大小。象山金星一带约以30堆灰、占地约2亩设缸坦1格，缸坦约长1丈9尺8寸，宽9尺8寸。

2. 注卤

天晴之日，即可注卤于缸坦内，借日光和风力，蒸发水分，结晶成盐。

3. 集盐

傍晚时分用竹扫帚扫集成盐，堆于一隅，锹入盐箩。在6至11月，坦内午后漂花，当日成盐；在12月至次年5月，则需2日才能成盐。晒盐旺季每坦日产70～80斤，淡季20～30斤。

4. 查坦

缸坦因长期受盐卤浸泡，易渲软，常有泥浆从缝中冒出，混于盐粒之中，故缸坦盐常有盐色不佳的现象，需及时检查、修补缸坦。

查坦

5. 入仓

挑盐入盐仓（略）。

民国时期玉泉番西晒坦收盐图

[叁]滩晒技艺

制造缸坦成本较为昂贵,还有每年维修材料供应的困难。1957年,象山金星盐区新建晒盐平滩一副,为当时县盐管所的试验盐滩。平滩长600米、宽100米,面积60000平方米。分若干单元,每滩按一定落差分12步,其中1~9步为蒸发区,10~12步为结晶区。蒸发区每步分成2格,面积依次递减,第一步滩格为96米×50米,第九步滩格为23米×50米。结晶区每步分4格,底铺缸砖,各格面积均为20米×20米。开晒时灌海水至滩,漫至蒸发区第一格,借太阳能与风能,卤水逐格下推,至第九格,已浓缩饱和(24波美度左右)。注饱和卤于调节池澄清杂质,进入结晶区蒸发析盐。试验结果,盐滩由每人管1.5亩增至10亩,工效增6倍,为宁波地区较早的制盐平滩之一。

平滩制盐

1958年，浙江盐业部门从日本引进流下式盐田及四川的枝条架技术，与平滩制卤设备结合，时称"流枝滩"[1]，利用水的流动和枝条架立体、平面蒸发相结合，形成高效率蒸发，加快浓缩成卤。是年象山推广大小枝条架5座，次年增至13座。1960年，全省推广"流枝滩"，成为盐业技术革命方向，县内流枝滩盐田达1043亩。其特点是缩短制卤周期，增加成卤量，但枝条架造价高，易遭风吹倒塌，"流枝滩"试验中止。1963年，改流下式盐田为平滩盐田，金星盐区的平滩试验得到省盐业部门肯定。1965年，全省盐田技术改造会议认定平滩制盐成本低，劳动负荷轻，为推行机械化生产提供条件，是改变浙盐落后面貌的出路所在。象山县老灰晒盐田逐步改造为平滩晒制。

平滩晒制，也称滩晒，是晒盐技术的进一步发展。它的做法是在盐场内修建平整的滩田，注入海水，通过自然蒸发，使海水逐渐浓缩，渐近饱和，最后结晶成盐。平滩晒盐的推行降低了盐民的劳动强度，使盐业生产得到迅速发展。1965年，象山制盐推行"新、深、长、饱、旋、撒"的新操作工艺。1968年后，象山新建的花岙、昌

[1] 一个单元流枝滩面积40～100亩，由流、枝、滩三部分组成。"流"即为流田（流下式盐田），流田平面有坡度，使海水和卤水在滩田内能自行流动，提高蒸发量。流田位于滩田前部，用于浓缩海水和初级卤水。"枝"即为枝条架，建在滩田中级制卤区内，枝条架有单墙式、双坡式、房屋式、垂网式，属于立体蒸发浓缩卤水设备，其中单墙式垂直高5.8米。"滩"即为平滩，是高级制卤结晶区，有蒸发池、调节池、结晶池三部分。海水从贮水库开始，进入第一流田，再自流进入第二流田，再从平滩上走几步水，然后上枝条架，下架后卤水进入蒸发池、调节池，最后到盐板上结晶。

国等五大盐场均采用平滩晒制，形成了一套完整的生产工艺。20世纪70年代，出现了"黑膜滩"[1]晒盐，即利用塑料薄膜垫晒盐，使平滩晒盐的工艺进一步完善和发展。塑料薄膜由白色改为黑色，增加了对阳光的热量吸收。黑膜平整地铺设在结晶池内，黑膜边沿包裹在四周的池埝上，防止泥沙进入，影响产盐质量。1982年，黑膜滩从固定式转变为活动式，即黑膜不是完全固定在池面上，而是可以将半幅黑膜掀起，覆盖在另一半池上，以防止降雨造成的不利影响。这样一来，抗雨能力增强，劳动强度减轻，产盐质量得到了提高。

1. 滩晒技艺流程图

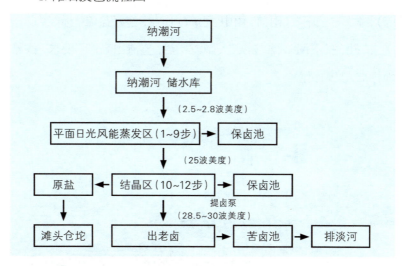

---

[1] 黑膜滩，也称"黑膜池"，即采用黑色塑料薄膜垫底的晒盐结晶池，有固定式、活动式两种。今大都采用活动式。

2.《象山县制盐工艺操作要点》（1985年制订）

纳潮　纳足、纳好（含盐度高海水），专人管理安排盐滩供水，先远后近。

制卤　按步走水，一步一卡，定深、定度。根据气候与季节，灵活控制走水深度。充分动用盐滩沟渠、卤池、卤台等蒸发，增加卤量。遇天时异变，及时保卤。

结晶　控制饱和卤，新卤灌池，量卤灌池开晒。杜绝兑卤混晒、浅晒。及时旋卤打花。

要求：坚持"六清"（即卤水、池子、沟道、工具、口门、手脚等），搞好"三雨"（雨前、雨中、雨后）作业，整好盐滩。标准为"一平、二硬、三不漏"。各场以"人勤滩不烂，整滩出高产"要求，按滩地标准，奖勤罚懒。

纳潮碶闸

平面蒸发

黑膜结晶

3. 象山优级（一级）盐指标

指 标		日晒盐
		一级
物理指标	白度，度 ≥	55
	粒度，% ≥	1.5mm~2.5mm
		85
化学指标（湿基）%	氯化钠	93.2
	水分	5.10
	水不溶物	0.10
	水溶性杂质	1.60
卫生指标mg/kg	铅（以Pb计）	1.0
	砷（以As计）	0.5
	氟（以F计）	5.0
	钡（以Ba计）	15.0
碘酸钾mg/kg	碘（以I计）	35±15（20~50）

4. 象山晒优质盐工艺操作规程[1]

（一）纳潮操作规程：

（1）高潮位时纳足高浓度海水，并保证盐滩纳水时完全澄清。

（2）盐滩纳潮前要观察纳潮河水是否清澈，如混浊多杂质应暂停纳潮，待澄清时纳入。纳潮先将海水流过沟道所带走的泥沙杂物排出沟外，待清澈后再放入盐滩。

（3）及时清理纳潮沟的杂草和污泥等积垢，如发现沟内水泥石

[1] 由象山县盐业公司唐国希提供。唐国希从事盐业工作20多年，有丰富的制盐经验。

板风化应及时进行修理,保持沟道清洁。

(二)制卤操作规程:

(1)应随时清除池板的杂草、积土,保持池板光洁、平整、坚实,格沟畅通,并防止卤水渗漏。排水时应随时检查上格的卤水是否清洁,如混浊或有杂质应待卤水澄清后排入下格,必要时应减少流量,以减少杂质下排。

(2)卤池出卤时应检查卤水是否清澈,如有混浊应立即停止,待澄清后再提卤。卤池的卤水不应吸尽,以免将污泥吸上池板。

(3)在旺季前必须将浮苔彻底清除,保证卤水清澈无色。

(4)不准将未饱和的卤水供给结晶开晒。

(三)结晶操作规程:

(1)要严把"新"、"深"、"长"、"旋"、"分"五关。

①新卤上板。必须是海水浓缩到25波美度的纯净饱和卤上板,不准用晒盐后的老卤与未饱和的卤水混合上板。

②保持一定深度,灌入结晶池的卤深在平淡季要达到2厘米以上,旺季在2.5厘米以上,并保持池面平整,不得有结盐露渣现象。

③适当长期结晶。扒盐周期一般应在2天以上,如遇天时变化应酌情掌握,不宜过短。

④ 根据天时旋盐。结晶池一闪光就应旋盐,起初速度应慢,随着气温升高,逐步加快,旺季高温时日旋盐约12次左右。需掌握的

盐民"打花"

推盐前过卤

推盐

挑盐

原则是：卤新、卤温高、风小、卤浅时要多旋，反之则要少旋。

⑤分段结晶、分别堆坨。开晒卤水应按浓度分为三段：第一段25至28波美度；第二段28至30波美度；第三段30至31波美度，该段老卤需由数块合并，开晒深度需在3厘米以上。上述三段卤水结晶的盐都应分级堆放，不准混合堆坨。三段结晶的盐经堆坨化验后，低于工业晶盐指标的需化卤重制。

（2）要做到结晶原料、场地、工具的"六清"。

①卤水清。灌入结晶池的卤水必须透明、清澈，无任何可见的杂质和色泽。

②池板清。灌卤前应将污垢杂质彻底清除，开晒后并卤或撒老卤后也要清板除污。

③沟道清。输入结晶池开晒的管道、沟道不能沾上污泥和各种杂质。

④口门清。关闸结晶池的木口门、砖、瓦片等不准沾上泥沙，为防止风化可用清洁的塑料薄膜包住口门。

⑤工具清。收盐用的盐耙、盐铲、盐箩和穿的鞋靴等必须保证不沾污泥、铁锈等各种杂质。

⑥仓坨清。保持盐坨底面、盖坨薄膜、坨拍、挑板、进入盐坨的脚（鞋）的清洁，上坨时不准吸烟，不准将烟蒂等杂物丢在盐坨上。

（3）掌握收盐和加卤的时间、方法。

①夏季应在早晨低温时扒盐，冬季应在一天的高温时收盐。

②加卤时间应选择一天的低温时，宜在早上。

③加卤应根据分段结晶的需要，采用再晒卤合并和新卤单独灌池的方法。加卤前应将卤水放入卤井澄清，切忌加入温度较高的卤水。

（4）堆坨操作规定。

①堆坨盐提倡归小坨，小坨尽量高而尖，以利于沥卤水。小坨堆放时间以不妨碍下一次收盐为准，一般在一天以上。

②三段卤水结晶盐必须分别堆坨。

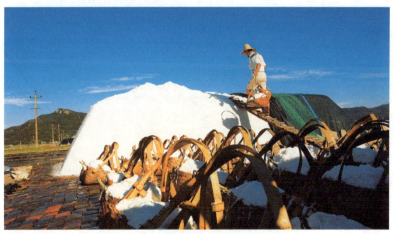

堆坨

制盐设备

利用海水制盐，不同时期、不同技艺各有不同的设备和工具。每一次设备和工具的改进，都意味着盐业生产技术的进步和生产力的提高。

制盐设备

利用海水制盐，不同时期、不同技艺各有不同的设备和工具。每一次设备和工具的改进，都意味着盐业生产技术的进步和生产力的提高。

[壹]煮盐设备

煮盐之法，由来已久。象山从汉、唐、宋以来一直采用海水制卤、煮盐，延续到新中国成立以后。象山杉木洋村等地，如今尚使用煮盐之法，经历了漫长的两千年历史。元代陈椿《熬波图》是宋元时期江浙海盐生产技艺的系统总结，今天象山煮盐技艺就是对这种传统的继承。

团屋　盐户集中居住，以"盐团"[1]为单位修筑生产点，团有围墙，"仿佛城池"。团内一般筑凿池井，盛贮卤水，盖造盐仓等。目的一是便于生产，二是防止私盐走泄。象山古代玉泉场下设团，团下设灶，清代团下设舍。灶舍是煮盐场所，均搭成茅屋。

摊场　即盐田。"取卤摊场，最为急务"。摊场一种是取盐泥之

---

[1]　盐团是古代官府用团墙或木栅围绕起来的盐民聚落，约出现在宋元丰年间（1078—1085）。宋代盐团多在闽浙一带。

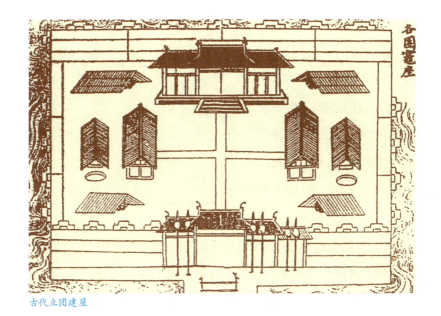

古代立团建屋

场，另一种是灰晒之场。象山以杉木洋村为代表，所造摊场为取盐
泥之场，即在"傍海近潮之处，开辟坦地，削去草根，光平如镜，名
曰摊场"[1]。"场分上、中、下三节，近海为下场，以潮水时浸，不易乘
日晒也；其中为中场，以潮至即退，恒受日易晒土也；远于海为上场，
以潮小不至，必担水灌洒，方可开晒也。"[2]晒场盛夏二至三日，晒
力方足，严冬则西北风犹胜日晒，俟地起白霜，用铁铲收起，名为刮
土。此土俗谓"盐泥"，是制卤的原料。另一种摊场称为"灰场"，其

[1] 民国《象山县志·实业考·盐业》，陈汉章纂。
[2] 民国《象山县志·实业考·盐业》，陈汉章纂。

卤水取得靠晒灰。灰场选择在"旁海附团卤地"，经过牛犁翻耕、敲泥拾草、削土取平等反复施工，使场地宛如镜面光净，四下坦平，方可摊灰晒之。初以泥灰，后以木炭取代泥灰，因木炭易吸附盐分。象山以金星盐

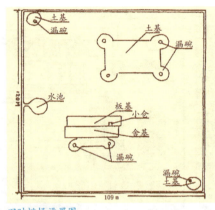

旧时摊场设置图

场为代表。明清以来，灰晒传统一直延续至新中国成立以后。

纳潮河渠　海盐生产基本设施之一。团灶均需开通河渠，接纳海水。顺利引进海潮是海盐生产的前提。六七月间是制盐旺季，用水量大。若海潮虽遇大汛亦不入港，必须用水车戽接，逐级提高，戽

玉泉中泥灰坦晒卤图

潮入港。各团灶都备有脚踏水车、手摇水车等工具。引海水河渠易为沙泥壅涨淤塞，每年都要清理。

塯 又称"溜"，是制作卤水的设施，修筑在摊场旁边。一种是四方形的土窟，民国《象山县志》载：

缸坦池、漏碗（塯）、卤池

"周筑土圈如柜，长八九尺，阔五六尺，高二尺，深三尺，名曰溜，溜旁即开一井，深八尺（井，或即用缸以承溜）。溜底用短木数段平铺，木上更铺细竹数十根，复覆之以柴，冒以草灰。然后取场灰填入溜中，用足踏实，再以稻草覆泥，仍挑潭中海水多泼草上，使缓缓潜渗入井中成咸卤，可汲煎矣。"另一种是圆形土窟，如锅底状，用黏土敲实、敲滑，底部安上竹管，引卤水滴入卤缸。上覆竹木、柴草，然后填入盐泥或盐灰，用足踏实，上覆以草，取海水泼于草上，使渗入泥灰中，制成卤。盛卤工具谓卤井，但浙东一带均用缸盛卤，称卤缸。

煎灶 即烧盐的盐灶，是重要的生产工具。宋元以来，均聚

游客参观古代"盐泥溜"

团公煎。嘉靖六年（1527），象山县有灶十六座。这种盐灶采用特殊
的建造方法建成，一般有一灶五镬、一灶六镬甚至一灶十二镬。象
山杉木洋村从宋元直至新中国成立后，一直沿用打灶烧盐的方法。
2008年，年近八十的老人还保留着制作盐灶的手艺。他们制作的盐
灶是一灶四镬，即一个灶头四口镬，是一种菱形灶头，灶门口一镬，
中间平行二镬，灶尾一镬，柴火从灶门口一镬烧起，分两支入灶膛，
又合于灶尾。盐灶全是用泥土垒筑，不用砖石。笔者调查南堡舍旧
时制盐生产中的烧盐情况，据鲍斯强先生说："旧时南堡烧盐采用
的是一灶三镬。"可见各地煎灶有不同的式样。

煎灶

铁盘式样

铁盘　大型的铁铸煎盐器，适于"团灶式"生产。其形制在嘉庆《二淮盐法志》中有载："盘四角（揩）为一，织苇拦盘上，周涂以蜃泥。"明人陆容介绍盐泥盘说："大盘八九尺，小者四五尺，俱由铁铸，大止六片，小则全块。"元人陈椿《熬波图》中就有"铸造铁柈"、"铁盘模样"的记载，讲到铁盘二片、四片、十数片的图样及拼接法。煎盐之铁盘以铁板拼合，底平如盂，四周高一二尺，其合缝处以卤和灰嵌之，一经塞结永不镩漏。铁盘置泥灶上，注卤水入盘，将皂角末和米糠搅沸卤中，顷刻成盐，色白，味稍淡。至康熙二十年（1681）左右，废铁盘，改用铁锅。象山定山"盐盘头"及东陈乡"南盘"两村，皆是因历史上使用盐盘而留下的地名痕迹。

篾盘　用竹片编成。据嘉庆《两浙盐法志》卷一《历代盐法源流考》记载："上下周以蜃灰，广丈深尺，平底，置于灶。"两浙曹娥场关于篾盘作如下描述："编竹为盘，中为百耳，以篾悬之，涂以石灰，才足受卤。燃烈焰中，卤不漏，而盘不焦灼，一盘可煮二十过。"这种竹编的盐盘，盘底用壳灰嵌缝，用缓火熏至灰干硬，再受卤烈焰中，使盘身坚固不漏卤。一盘可耐十昼夜烧煎，再换用新篾盘。由于它成本低、取材制作便利，且不易被官府控制，很受灶户喜爱。

象山古时盐户也有用篾盘煎盐的，在《蓬山樵歌》中有记载。在制盐官营时期，铁盘均由官方设厂、铸铁开炉，不许民间私人铸造。但灶户嫌铁盘价高，且受控制，不愿采用，而利用丰富的竹子资源替代铁板，制成煎盘，称篾盘或竹盘。宋代就有宁波地区采用竹盘煎盐的记载，篾盘采用寸许宽之竹篾编织而成，其大小与煎灶相合。

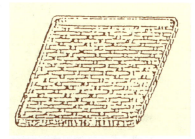
篾盘式样

古代测试盐卤浓度的石莲竹管

铁锅 锅之"宽浅者"又称锅镢，每口重140斤左右，形如釜，为煮卤之器。以锅成盐者称"镬子盐"，锅有大锅、中锅。若一灶三镬，往往两口大镬、一口中镬，置于泥灶之中，中锅距灶稍远，使冷卤加热后逐渐注入大锅，俗称"卤二"。大锅为一汤，用鲜卤6担可得盐140斤。

其他工具 刮泥淋卤、以卤煮盐还需要一些生产工具，包括拖刀、抄耙、栈板、卤缸等。详见以下二表[1]。

---

[1] 引自《宁波盐志》，其中《摊灰淋卤生产工具》是象山旧时灰晒制卤的设备和方法。

刮泥淋卤生产工具

名　称	材　质	件　数	用　途
拖刀	木架铁刀	1	刮泥用
抄耙	木制，下有前后两排竹齿，前齿有17个，后齿有16个	1	两人拽引，抄松地面刮泥
栈板	木制	1	集盐泥成一泥垄
扒幅	鸡枫木制，竹柄	1	扒盐泥于土箕内
土箕	竹制，有大小数种	2	盛泥、运泥之工具
漏铲	木制	1	刮平漏底、漏墙以便淋卤
铧锹	木柄铁质，柄上有横木	1	起出漏底部泥用
铁扎（铁铡）	竹柄铁质	1	掘漏底部淡泥用
草扒	竹柄竹质	1	扒松漏底垫草
担桶	木制	2	搬运卤或水
水勺	竹柄木制	1	舀卤或水
卤吊	竹柄木制	1	提取缸井中卤水
莲子	外套竹筒，内装石莲5粒	1	测定卤水浓度
卤缸	陶质，即盛水的七石缸	4	储存卤水
将军帽（卤缸盖）	篾质	4	遮盖卤缸
泥勾扁担	坚木制	2	挑泥用

摊灰淋卤生产工具

名　称	材　质	用　途
灰锹	木制	摊灰时使用，将灰籽均匀地撒于灰坦内
搪灰板	木制	每晚将已受咸的灰籽推成一行

名　称	材　质	用　途
木耙	木制	挑灰时将灰籽装入土箕内
掠灰竹竿	竹制	将成团结块的灰籽掠散
扁担、土箕	竹制	挑灰进漏或出淡灰时使用
卤勺、水桶	木制	泼水、挑卤时使用

[贰]板晒设备

　　利用风力和日光的蒸发,使卤成盐的方法称为晒制。从"煮盐"到"晒盐",这是盐业生产的一大进步。中国海盐晒制始于何时,尚无定论,南宋孝宗、光宗时人程大昌提出:"今盐已成卤水者,曝烈日中,数日即成方印,洁白可爱;初小,渐大,或十数印累累相连。"[1]由此可见,南宋时已有人利用卤水晒盐。明末《肇域志》中亦有两浙晒制成盐的记载。象山晒盐始于清代,《象山县盐业志》载:"清嘉庆年间,晒制兴起,煎灶渐减。"一般认为是岱山盐民王金邦首创板晒之法,逐步推广到余姚、慈溪、镇海、鄞县、象山等盐区。

　　板晒之法,其制卤设备与煮盐时所用的摊场、纳潮河渠、制卤塯(漏碗)、卤缸等基本相同,需要增加的设备还有以下几种。

　　板基　安置晒板的场地。每一塯(漏碗)配白地一亩至一亩半,板基上打好盐板桩,供安放盐板。板基地必须平整、平稳,保证盐板安放处于一个水平状态,不能倾侧。

---

[1]　《中国盐业史》第242页,人民出版社,1997年。

　　盐板　用杉木制成，四周以木框作边，板面平滑，合缝之处，以尖凿錾成斜路，涂嵌桐油石灰，以杜绝渗漏。盐板规格有大小两种，大的约长九尺八寸五分、宽二尺九寸、深一寸五分，小的约长七尺四寸、宽三尺、深一寸。民国九年（1920），两浙运署报盐务署核准，规定各场晒板一律长七尺四寸、宽三尺、深一寸（鲁班尺，每尺合0.28米），象山盐区亦采用该尺寸。一般15至20亩一块白地，需盐板80至100块。

　　漏碗、卤缸　漏碗即"塯"，制卤器具。以100块盐板计，需配备漏碗10至15只，卤缸30只，其中鲜卤缸5只、漏碗缸15只、苦卤缸10只。富裕盐户还配有杉木制成的大卤桶1至2只，每只卤桶可盛7至10只卤缸的卤水。

　　其他工具　盐扒1至2把，盐铲1把，盐箩10担，水勺1把，丁勾扁

卤缸

担1副。

[叁]滩晒设备

滩晒是在板晒基础上的一大进步,是指卤水在平整的池面上,经日光和风力作用,通过蒸发浓缩成盐。象山滩晒主要经历了缸坦滩、缸砖滩、流枝滩、黑膜滩等过程,积累了丰富的滩晒经验。

一、缸坦滩设备

缸坦滩是指使用碎缸片铺垫结晶池面的一种晒盐方法,缸坦滩制作是一项特殊的技术。

坦基　缸坦滩一般设于盐田的高墩之上,南北朝向。坦基需用黏土夯实、敲平,勿使渗漏。

四围　缸坦滩四周用条木板或竹爿围拢,主要作用是防止卤水

缸坦滩

缸砖滩

外溢。

缸坦 缸坦约长一丈九尺八寸，宽九尺八寸。大的缸坦可以划分成数小格。象山金星一带以三十堆灰占地的两亩设缸坦一格，大缸坦内有盐坦数十格不等。

坦底 滩内用碎缸爿铺底。铺缸是一项难度很高的技艺，象山金鸡山（金东西盐区）的许多妇女是铺缸爿能手，本领超过男子。缸爿碎片不规则，有大小，有厚薄，但经过她们的巧手拼配，能做到平整光滑、严丝合缝，不用测量，全凭眼光，整个平面一平如镜。缸坦内可划分数格，每格两亩或三亩不等。

卤水闸口 每坦建有排放卤水闸口一至两个，供卤水进坦或出坦。

卤池 筑于坦侧，以备雨天蓄卤之用。上覆茅草，以防雨水。卤池

用缸片铺成的老盐田

地下卤池

盐箩

畚箕

修筑一般用黏泥敲实、敲滑，称泥卤池。

其他灰堆、漏碗（熘）、盐箩等制卤设备同板晒设备。

二、黑膜滩设备

黑膜滩是指以塑料黑膜铺垫结晶池面的一种晒盐方法，是对缸爿滩、缸砖滩、沥青滩、青砖滩的改进，是平滩晒盐的进步。它本质上是一种平滩晒盐方法，

盐耙

盐勺

象山于20世纪70年代末兴起此法。[1]其操作流程与平滩晒盐没有大的区别，主要是对结晶池面作出了改进。

黑膜　指黑色的塑料薄膜，厚度以0.2至0.28毫米为佳。一般盐场用热合机自行加工焊接黑膜，黏合后整块黑膜应略大于结晶池面积。

黑膜池　将黑膜平整地铺在结晶池中，黑膜与池底的贴合要严密，不可产生气泡。黑膜铺地可采用固定式，亦可采用活动式。

保卤池　建于蒸发区或结晶池旁，用于收集卤水。

提卤泵　现代生产不再使用人工吊桶提卤或水车提卤的方法，而是开泵提卤，减轻劳动负担。

---

[1]　1979年，昌国盐场推行塑料薄膜浮卷法结晶新工艺成功，1980年，引进舟山塑料黑膜结晶新工艺，替代缸砖及沥青池板。

海盐文化

漫长的海水制盐历史造就了象山丰富的盐业生产文化，表现在盐神崇拜、盐乡习俗以及盐乡语言等各个方面。

海盐文化

　　漫长的海水制盐历史造就了象山丰富的盐业生产文化，表现在盐神崇拜、盐乡习俗以及盐乡语言等各个方面。

[壹]盐神崇拜

　　盐业是古代一个重要产业，拥有相当数量的从业人员，自然也和其他产业一样，产生了自己的行业祖宗崇拜。史载，夙沙氏[1]是我国人工制盐的创始者，最先煮海为盐；胶鬲[2]是最早有文字记载的盐商，原为商纣王的大夫，遭纣王之乱后隐遁经商，贩卖食盐，后文王举为重臣，对盐业发展作出颇多贡献；管仲[3]是春秋时期的政治家，创立了食盐民产、官收、官运、官销的官营制度，在中国盐业史上有

---

[1]　《说文解字》："古有夙沙初鬻海盐。"《广韵》注中，也有类似记载。段玉裁《说文解字注》云，许慎之说"盖出《世本·作篇》"。《世本》为春秋时人作，汉时宋衷(字仲之)作注，《太平御览》卷八六五引《世本》称"宿沙作煮盐"下，有小注："宋志曰：宿沙卫，齐灵公臣。齐滨海，故(宿沙)卫为鱼盐之利。"

[2]　《孟子·告子》朱熹注，胶鬲是殷商末年人，原为商纣王大夫。《孟子·公孙丑》、《吕氏春秋·贵因》均记载有"文王举胶鬲"事。

[3]　东周庄王十二年(前685)，齐襄公去世，桓公继位，任用管仲，创立了食盐民产、官销制度。曾仰丰《中国盐政史》指出："'请君伐菹薪，煮沸水为盐'，此有官制之证也。'山林梁泽，以时禁发，草封泽，盐者之归，譬若市人'，此主要盐产属于民制之证也。"

特殊的地位。这三位人物分别在产盐、贩盐、管盐上有独特的建树，故而被尊为三大盐宗[1]。象山自汉代以来即有产盐，并形成了独特的盐宗崇拜，千余年来绵延相传，保留至今。现在，象山盐区中还保留着十三座庙宇，纪念三位盐神——盐司神、刘晏神、熬盐神。

盐司神 供于象山盐司庙[2]中。盐司庙位于象山林海后洋村、桥头林村间，又名弦司庙、前司庙，皆是当地人从"盐司"谐音而来。宋代政和年间（1111—1117），象山设玉泉盐场，以境内玉泉山命名。盐课司旧设于县东北三十里，后移至县南一十里，有监盐官二员。元大德三年（1299），设监盐官司令一员、司函一员、管勾一员。明代仍设盐课司。后洋村、桥头林村古为玉泉场瑞龙分场盐区之地，旧盐课司就设在该地。一般认为乾隆九年（1744），玉泉场盐大使邓曰琏迁司署于丹城王家桥，原盐司署改为盐司庙。盐司者，官名，因当时有德于盐户，故盐民立庙以祀。今盐司庙供奉着一个侯姓盐官，当地称"二老侯王"，但其生平事迹难以考证。在盐司庙附近朱家桥处有一座穆清庙，也供奉盐司神，曰"大老侯王"，相传两人为兄弟（或结拜兄弟）。旧时盐司主宰着盐民的生存，一个好盐司有德于民，盐民自然感恩戴德，以香火祭祀。盐司神的供奉至今已有260余年，反映

---

[1] 清同治年间，盐运使乔松年在江苏泰州修建盐宗庙，庙中供奉的主位是煮海为盐的凤沙氏，两边陪祭是商周时贩运卤盐的胶鬲和春秋时实行"食盐官营"的管仲，世称"三大盐宗"。

[2] 见陈汉章主纂民国《象山县志·典礼考》"盐司庙"条。

盐司神

了玉泉场盐区当年盐业的兴盛以及盐神崇拜文化的深厚。

刘晏神　象山南部地区盐民供奉的盐神。今留下神庙十座，分布在石浦、昌国、南堡、新桥、鹤浦一带，其中昌国一地有三庙（昌国大庙[1]、左所庙、右所庙）供奉刘晏神，新桥一镇有四庙（关头庙、钟灵庙、东史庙、弹涂舍庙）供奉刘晏神。刘晏，唐代南华人，字士安，年七岁举神童。唐上元、广德年间曾任京兆尹、户部侍郎、吏部尚书、度支盐铁租庸使及东都、河南、江淮、山南等道转运租庸盐铁使等职。"安史之乱"严重打击了唐王朝的统治，漕运遭到破坏，

---

[1]　昌国大庙又称大庙，详见陈汉章主纂民国《象山县志·典礼考》中"县南各祠庙"中"大庙"条。

"京师斗米千钱"，连皇上的饮食都成了问题。刘晏在危难之中受命治理国家，解决财政问题。经努力，保证了京师地带的粮食供应，还使国家财政收入由任职初的四百万缗升至千余万缗。刘晏历经玄宗、肃宗、代宗、德宗四朝，职位最高时担任同中书门下平章事（宰相），最为人称道的治国之政是实行了盐

昌国大庙刘晏神塑像

法改革。"知所以取，人不怨；知所以予，人不乏"，"官就利而民不乏盐"，"因用齐足而民不困弊"，这是古人对刘晏盐法改革最中肯的评价。唐朝以来，象山昌国一带百姓以烧盐为业，至今尚有昌国盐场。民间传说，刘晏到过象山昌国，看到百姓日子过不下去，就免去了一部分赋税。后来奸臣杨炎诬陷他私吞皇粮、偷拿国库，德宗将他赐死。为纪念刘晏，老百姓造了昌国大庙等许多庙宇。刘晏是唐代盐业生产政策的最高制定者，作为"盐宗"被象山盐区人民祭奉[1]，尊为"勇南王"，至今香火不绝。

熬盐神　当地俗称"盐熬菩萨"或"熬盐菩萨"，供奉于象山大徐镇杉木洋村常济庙中。杉木洋村是一个有近千年历史的盐村，宋代即有盐业生产。祖上徐旃，是神龙二年（706）象山立县首任县令，后定居于东乡大徐旃。元初，大徐徐氏一支迁往杉木洋立村居住。其

---

[1]　民国《象山县志》载："邑东南二乡皆出盐之地也，故祀之。"

熬盐神

村背山临海，村民以制盐为业。古时烧盐有场团灶组织，灶户额定。传说明代时，周边村庄争抢烧盐份额，吵得不可开交，一个人说："大家也不要吵吵嚷嚷了，我看还是这样办吧，谁能从煮沸盐卤的大锅中捞出秤锤，就由谁家烧盐，大家看好不好？"众人齐声应和，于是灶火升起，大镬里盐卤烧滚，翻着水花。众人都围在灶旁，不敢下手。

这时，人群中走出徐氏太公，他说："做人说话要一言九鼎，不能反悔。"说罢一个箭步走到大镬边，面不改色，伸手便捞。只听"啊"的一声，太公已将秤锤捞出，随即昏倒在地。人们都拥了上来，只见太公一只手血肉模糊，露出白骨，大家急忙用水泼醒了太公。太公睁开眼睛，叮嘱后人好好珍惜烧盐这一行业，不久便辞别人世。为了纪念太公为徐氏挣得这一份谋生行业，徐氏后人便尊太公为"盐熬菩萨"，立庙祭祀，几百年来香火不绝。

象山盐区的三位盐神极具地方特色，代表了三种不同类型的盐业神主。盐熬神是诞生于象山本地的盐民自己的神灵，具有土生土长的地方特色，是盐业劳动者的神灵；盐司神是盐场盐官中产生的神灵，因为有德于盐民而被祀奉，反映了象山盐业历史的悠久、盐区的广泛以及盐司在盐业生产管理中的影响；刘晏神脱胎于唐代掌管盐政的宰相，这在盐文化历史中非常具有特色，他是继春秋管仲后的又一盐宗，而且在象山被广为祭祀，这不能不令人深思。

[贰]盐乡习俗

悠久的海盐文化历史、长期的盐业生产劳动，自然形成了与之相关联的盐乡习俗。虽然后来许多盐区变成了粮食生产区，但这些盐俗还是长期地保留在人们生活中，保存在人们的思想意识中。今天，我们还可以从这些习俗中看到盐文化的痕迹，从盐文化中找到历史的源头。

杉木洋村百姓祭拜盐熬菩萨

祭盐熬菩萨 象山杉木洋村有一座常济庙,庙中供奉"盐熬神",俗称"盐熬菩萨",原是杉木洋村徐氏的祖上太公。他为了保住祖上留下的烧盐产业,在赌赛中奋不顾身地从沸水中捞出秤锤,最后因手臂烧伤而辞世。为了纪念先人舍身保盐灶的精神,后人奉太公为盐熬菩萨,每逢过年过节、初一十五,盐灶开烧的时候,都要插香点烛、供上祭礼,请盐熬菩萨保佑生产顺利、盐业丰收、家庭平安。此俗在杉木洋村沿袭至今,成为村落中特有的文化现象。

昌国"清明会"、"十月醮"庙会[1] 刘晏是唐朝宰相,主管盐政,体恤民情,理财以养民为先,深得盐民爱戴。相传他还在某年路过昌国,看百姓日子过不下去,就免了一部分赋税,昌国一带百姓

关头庙供奉刘晏菩萨

由此立庙祭祀刘晏,视为盐宗。大庙对联书:"中唐名相洒一腔热血,昌国遗庙荐千古忠魂。"旧谚云:"昌国卫,一年两头会。"每逢清明举行庙会(城隍

[1] 谚曰:"阿拉昌国卫,一年两头会(清明会、十月醮会)。前街咚咚嘭,九井巷弄鬼打墙(万人空巷)。"清明庙会、十月醮会都是为抗倭、抗海盗阵亡将士及被害百姓亡灵祈祷、超度,行会前卫城四门张贴"奉旨临孤"告示,告慰英灵孤魂,前来享受祭祀。行会前扫街,勇南王刘晏、卫城隍八抬大桥出庙巡行,歌乐仪仗十分壮观。

庙、刘晏庙），十月初一举行十月醮会，五月十五刘晏生日这天，昌国人还要举行祭祀活动，摆五牲福礼供奉，上十二盘供品，庙内开酒宴五六十桌。五月十六要做大戏，唱三日三夜。在"清明会"、"十月醮会"中还要抬盐神刘晏上街巡行，称行会。此俗至今盛行不衰。

盐司庙庙会　象山桥头林村、后洋村间有一座盐司庙，以盐司为神，称"二老侯王"，俗称"侯王菩萨"。近旁朱家桥有"穆清庙"，也供侯王菩萨，称"大老侯王"。传说侯王有五个结拜兄弟，分别是大侯王、二侯王、三侯王、四侯王、五侯王。神像右手执斧，也许意味着对盐业生产有开山之功。农历八月廿一为神灵生日，要举行盐司庙庙会，供五牲福礼，十分隆重。旧时后洋、桥头林共有五个"柱头"，其中后洋村有"三柱"，桥头林村有"两柱"，每年轮流主持庙会。八月十四日把盐司神从庙中抬出，抬到轮值柱头家堂前，柱头先行焚香、点烛设供，两村各家都要用箩担挑着供品去神前上供。八月十九，神像抬回庙中。廿四日，庙里举行大供，唱三天三夜大戏，称"菩萨戏"。做戏人饭钱由抽签决定，摊到各户。盐司庙庙会成为后洋、桥头林一带流传至今的习俗。

撒盐米　把盐和米相拌，称为"盐米"，相传可避邪镇妖。在挖土、打桩、造房、做坟时，常在周围撒上盐米，据说可以避晦气、镇妖魔、保平安。有的地方用盐和茶叶相拌，撒"盐茶"，目的同撒盐米一致。

抈下巴　小孩流涎，许多家长苦无办法，旧时认为卖盐人常和盐打交道，只要卖盐人（晒盐人）用手在小孩下巴上抈几下，小孩就不会流涎水了。

鬼怕盐　传说盐是胆，挑盐人挑着盐就有胆气，卖盐人挑着盐走夜路不怕鬼怪出现。如有鬼怪出现，只要伸手抓一把盐一撒，只听得"索拉拉"一声，魑魅魍魉便会逃得无影无踪。

煮盐泥粥　盐泥粥其实就是碱水粥。旧时雇盐工挑盐泥，主人煮一锅碱水粥当餐顿，荞头、咸倭豆当下饭，家家如此。

裹盐粽　浙东一些地区有特殊习俗，便是裹盐粽。方法和裹普通粽子相同，裹粽的叶子是在竹林里到处可拾的竹笋壳，拣一些宽

杉木洋村村民用传统的盐泥粥、盐烤洋芋艿招待来宾

大的洗净,干的笋壳放在水里浸软。裹在竹笋壳里的是食盐,通常是从盐瓮里舀出盐,晾在盆子里,沥去水分,然后把笋壳圈成漏斗状,舀入晾干的盐,一层一层敲结实,裹成三角粽状,用绳子扎紧。接着把盐粽放在灶缸的柴火中煨,柴火幽幽的,第二天早晨用火钳取出时,笋壳已被烧焦,褪去笋壳便露出白色盐粽。用几匙菜籽油浇盐粽,盐粽发出"嗞嗞"的声音,油都被盐粽吸收,冒出一股白汽。裹好的盐粽便成为穷人外出时携带的"下饭",如上山砍柴、下田干活、远路抬轿,带上干粮,即从盐粽中刮下一点盐巴蘸一蘸就食。

炒盐 旧时,穷人买不起菜,家里备有炒盐,作为常年"下饭"。穷人家小孩外出读书,父母往往炒几瓶盐让孩子带去,作为常备的"小菜"。

象山炒盐大致有几种。一是葱花炒盐,在炒盐中放点油,炒好后撒上一把葱花,香喷喷的。二是芝麻炒盐,把盐和芝麻炒在一起,盐热芝麻便噼噼啪啪地响起,芝麻盐拌饭更有香味。三是南瓜子仁炒盐,象山定山一带农户用家里自产的南瓜子仁与盐炒在一起,也独有一种风味。

以盐换物 以物易物是原始社会商品交换的特点,在旧时盐区仍然盛行。盐民不得贩卖私盐,却可以盐换物。清谢应芳《嘉定杂诗》云"日暮裹盐沽酒归",反映了以盐换酒的现象。象山中泥、竿头、金星一带盐民常用盐换取挑到田头的西瓜、黄金瓜、桃子等水

果,此俗一直延续到新中国成立以后。有些盐业生产队用盐换几车西瓜,然后拉回村中,家家户户发几只西瓜,这是常事。

[叁]盐乡语言

象山历来为渔盐之乡,人们长期从事盐业生产劳动,自然形成了与盐业生产、生活相关联的语言。盐乡语言具体表现在谚语、歇后语和常用词汇中,渗透了盐业生产的劳作、经验、技艺、体会,也表现了对盐的认识和感受。其中既有劳作的苦痛、生活的艰辛,也有在盐业生产中获得的智慧和哲理。这种语言充满了咸的味道,我们姑且称它为"象山咸话",是象山盐文化的一个重要组成部分。

一、谚语

一年四季在于伏,一堆盐泥一堆谷。

廿亩盐花廿亩稻,旱也好来落也好。

一眼望到头,都是盐泥墩。

一根扁担半务农,湘绒纱衫植泥蓬。[1]

一年到头,咸下饭当家。

一天不吃盐,吃饭不香甜。

三天不吃盐,走路软绵绵。

---

[1] "湘绒纱衫"比喻好衣服、好生活,意思是穿好衣、过好生活都靠与泥蓬打交道的晒盐,晒盐晒得好,才能过好生活。

挑盐

一只灰溜[1]五亩稻, 晴也好落也好。

七月雾, 八月烂, 晒盐人要挈讨饭篮。

十碗下饭九碗咸。

儿多母苦, 盐多菜苦。

三水伏泥并割稻, 廿岁后生要拖倒。

上磨肩胛, 下磨脚板。

三天不吃咸斋汤, 两脚走路酸汪汪。

六月晒盐人, 烧酒胡琴; 十二月晒盐人, 小刀麻绳。

呒油呒盐, 吃饭呒味。

---

[1] "灰溜"又作"灰塯", 是制盐中的一种制卤设施 (工具)。

盐

云往东一场空，云往南水满潭，云往西披蓑衣，云往北好晒盐。

开门七件事，柴米油盐酱醋茶。

不知姜是辣的，盐是咸的。

下饭介咸，盐甏倒翻。

白吃嫌咸淡。

半盐半种田，一年苦到头。

好省勿省，咸鱼放生。

吃尽滋味盐最好。

盐罂

吃遍天下盐好，走遍天下娘好。

吃的米和盐，讲的情和理。

吃饭咸骆驼。[1]

百味盐为宗。

吃尽滋味盐好，走遍天下家好。

闰六月难晒盐，闰五月难种田。

穷人呒下饭，炒盐过过饭。

---

[1]　象山方言，指吃饭时小菜咸味重。

盐坦上的盐民

鸡蛋直磴, 钞票吭份。鸡蛋横浮, 钞票乱挪（读tuō）。[1]

卖姜老女吃姜芽, 卖盐老女掸盐箩。

刮水刮浆, 下世把你挖到盐场。[2]

若要甜, 加点盐。

卖瓜不说瓜苦, 卖盐不说盐淡。

卖盐人讲自家盐咸。

---

[1] 旧时用鸡蛋测量卤的浓度, 鸡蛋直磴, 说明卤水浓度不足; 鸡蛋横浮, 说明卤水
浓度符合标准, 盐的质量就好, 卖得出好价钱。

[2] 此民谚流传在南田地区, 意思是小孩喜欢玩水, 弄得一身泥浆, 就把他放到盐场
去劳动, 因为晒盐就是一项与"泥"、"水"打交道的行业。"挖"是放、拿的意思。
说明晒盐是一项刮泥刮浆的艰苦劳动。

老盐工说盐谚

肩胛磨透穿，一日挑到晏（挑盐）。

钩子扁担二头甩，一日身矮三寸三。

卖盐人喝淡汤，卖姜老女吃姜芽。

咸鱼翻身，穷人出头。

春雨淅沥沥，晒盐人眼睛瞪笔直。

种田的吃米糠，卖盐的喝淡汤。

晒盐晒剥皮，挑盐挑驼背。

晒盐人讨老婆，讨来老婆要晒盐。

剥倒牛，卖私盐，菩萨看了也嫌恶。[1]

晒盐晒得忙，一场大雨泡菜汤。

盐如玉，好吃肉。盐如谷，勿用哭。[2]

涨潮吃鲜，落潮吃盐。

盐水选种，收获多几桶。

赌博不论钱，吃饭要揿盐。嫖娼不论钱，吃饭要揿盐。

烧菜少放盐，寿命岁岁延。

早喝盐水胜参汤，晚喝盐水如砒霜。

多吃咸菜，少活十年。

山珍海味少不了盐，花言巧语顶不了钱。

菜没盐无味，田没肥无谷。

走过的桥比你走过的路多，吃过的盐比你吃过的饭多。

盐缸还潮，阴雨难逃。

海水低一度，产量少无数（盐）。[3]

六月六个盘，十二月吃骨臀。[4]

---

[1] 意思是把耕牛杀了吃、贩卖私盐是两件恶事，即使慈悲菩萨看了也觉得十恶不赦。

[2] 意思是盐晒得洁白晶莹，就能卖好价钱，有肉吃；有盐就有粮食，不用担心挨饿。

[3] 指海水盐度高低与盐产量有很大关系。

[4] 六月份，天气好，晒盐人菜肴丰盛；到十二月，晒盐人没有收入，就没有菜了。"六个盘"喻菜多、丰盛；"吃骨臀"喻只剩下自己的臀肉，没有菜肴。

银色的收获

嫁囡嫁得种田郎，泥手泥脚上眠床；

嫁囡嫁得看牛郎，割草牵缰吭希望；

嫁囡嫁得晒盐郎，刮泥刮浆泪汪汪。

二、歇后语

咸菜缸石头——又臭又硬

咸肉汤下面——不用言（盐）

咸菜烧豆腐——有言（盐）在先

咸菜煮豆腐——不必多言（盐）

卤水点豆腐——一物降一物

口渴喝盐汤——徒劳无益

火炉撒盐——乒乒乓乓热闹

卖豆腐不点卤——要起皮

伤口上撒盐——痛得厉害

盐毼碰上南风天——回潮

盐缸里生蛆——稀奇

盐碱地里种庄稼——不死不活

炒菜不放盐——吭味

张飞贩私盐——谁敢检查

多吃咸盐——尽管闲（咸）事

盐店老板抱琵琶——闲谈（咸弹）

盐店老板——闲（盐）人

盐店的老板转行——不管闲（盐）事

卖盐的喝开水——嫌淡

鸡屁股里掏蛋换食盐——等不及了

盐里生蛆虫——怪事一桩

盐碱地里的稻苗——稀稀拉拉

盐店里出来的伙计——闲（咸）得发慌

灶头边的油盐罐子——一对儿

盐店里谈天——闲（盐）话多

晒盐人多驼背——两头不着地

三、词语

1. 形容词

咸唧唧　咸滋滋　咸几几　咸涩涩　咸漉漉

咸渍渍　咸辣辣　咸咪咪　淡刮刮　淡恰恰

2. 名词

盐场　盐厂　盐灶　盐民　灶户　盐仓　卤水

盐担　盐耙　盐箩　盐田　盐滩　盐花　盐泥

盐村　盐乡　盐业　苦卤　灶丁　盐盘　灰场

盐团　灶舍　咸水　咸花　盐事　盐船　盐艖

摊场　泥盐　灰盐　缸爿坦　板盐　荆竹盐

撩生盐　舍卤场　盐司庙　盐务所　盐泥墩

盐警队　盐业局　盐管所　船盐　渔盐　盐商

盐店　盐荒　盐税　盐政　盐课司　押袋　催煎

司丞　管勾　场大使　盐务　盐溜　灰亭　卤池

盐锅　盐坨

3. 动词

刮土　积卤　熬波　煮海　灌晒　试卤　煮盐

趁海　晒灰　煎盐　筑塍　刮碱　淋卤　取卤

刮泥　潴卤　开摊　分沟　通流　担灰　滩晒

筛水　淋灰　上卤　运盐　板晒　扬水　提卤

保卤　耙泥　挑卤　车潮水　纳潮　辟摊　上坨

4. 咸下饭词语

象山旧时家庭小菜以咸为主，俗称"咸下饭"，也从一个方面反映了盐乡长期形成的生活习俗。

蔬菜类：

咸冬瓜　咸倭豆　咸萝卜　咸笋　咸齑菜　咸豆腐

（咸）指甲花　　咸笋糊　　（咸）苋菜股

鱼肉类：

咸拷头　　咸带丝　　咸泥螺　　咸蟹酱　　咸鳓鱼　　咸鱼

咸带鱼　　咸鱼包　　咸墨鱼　　咸鱼鳌　　咸虾蛄　　咸虾

咸𫟎蟹　　辣螺酱　　包蟹酱　　沙蟹酱　　咸鱼籽　　咸肉

咸卤　　卤肉

传承保护

象山是历史悠久的海盐生产区，是中国盐区的缩影。象山的晒盐技艺浓缩了中国数千年海盐制作传统工艺的精华，保护和继承其技艺，对于发展经济建设和文化建设具有十分重要的意义。

传承保护

利用海水晒盐是一门古老的生产技艺。千百年来，人们采用这种技艺生产了不计其数的食盐，满足了生活的需求，带来了不可计量的财富，成为历代政府的重要财政收入，并深刻影响了人们的生活和文化。当地许多习俗、语言、信仰、传说、文学、艺术等都与晒盐息息相关，其经济价值、文化价值、工艺价值与历史价值都是不可估量的。

象山是历史悠久的海盐生产区，是中国盐区的缩影。象山的晒盐技艺浓缩了中国数千年海盐制作传统工艺的精华，保护和继承其技艺，对于发展经济建设和文化建设具有十分重要的意义。

[壹]晒盐技艺传人

古代盐工都是普通劳动者，其晒盐技艺不入史册，故生产技艺传承谱系不详。经深入盐区调查，民间还保留着对近代象山晒盐业代表人物的记忆。

象山灰晒、滩晒在民国时期的代表人物有严纪鳌、章金水等人。20世纪50至60年代的代表人物有朱仲前、金杨照、金阿祥、方吉普、王道胜、鲍阿法、罗宝兰、林彩褒、鲍仁茂等人。70至80年代

正在制荆竹盐的老盐工

有韩玉英、宋根火等人。90年代至21世纪初有史奇刚、周开林、高万年、王福永、李百启、谢兆其、胡兴邦、杨良名、李友春、蔡福材、史玉堂等人。

史奇刚 国家级非物质文化遗产项目代表性传承人,现为浙江省象山县新桥盐场生产场长、盐业技师。出生于1959年5月,象山县新桥镇石柱外村人。出身农民家庭,从小勤奋好学、吃苦耐劳。

杉木洋村部分老盐民合影

1976年高中毕业，来到新桥盐场工作，拜金星下塘村鲍仁茂为师，经师傅言传身教，了解了传统盐业生产的历史，并掌握了原盐生产整个流程工艺。1983年任三工区业务员、团支书，从事统计、技术指导等工作。1984年1月被提拔为二工区工区长，7月担负起新桥盐场生产副场长的重担。为了提高盐的产量和质量，史奇刚在继承传统制盐技艺的基础上不断学习，引进更加先进的晒盐技术。他先后参加县盐业公司举办的"盐业技术培训班"及省盐务局、省盐业学会、市轻工业技术培训中心联合举办的"省盐业优制高产研讨班"，阅读相关盐业著作，比较深刻地理解了晒盐技术的五大要

史奇刚给盐民讲课

点：一是制盐原料——海水——的性质、成分、浓度与海盐生产的关系，以及纳潮操作；二是影响蒸发制卤的要素，卤水蒸发过程中含盐量的变化规律，盐田阳平面蒸发制卤以及卤水的渗透；三是原盐的结晶及其规律；四是天气异变的处理，降雨与卤水浓度的关系；五是整滩的时间、内容、方法的掌握与意义认识。

从1976年进入盐场至2009年6月被认定为国家级非物质文化遗产项目（海盐晒制技艺）代表性传承人，史奇刚从事海盐晒制30多年，将理论知识和实践经验融会贯通，熟练掌握手工晒盐的整个操作流程，把握卤水浓缩、蒸发、渗透、价值四大规律，提出了高浓度

史奇刚向盐民传授扫盐技艺

海水进滩，充分利用蒸发面积、充分利用蒸发量、降低渗透损失和减少雨损等五个增产关键，总结了分段结晶关键操作四要点：一是进池卤水浓度为25波美度；二是清洁（澄清卤）；三是深度合适；四是控制终止浓度。多年来，他通过培训、广播、黑板报等各种形式把自己的制盐技艺传授给盐场的"一长二员"和盐民，共计50余次，受训人员2000余人次。史奇刚热爱盐业，心系盐场。随着时代的发展，盐田面积缩小，传统晒盐工作队伍萎缩，盐民纷纷转业；而且受到自然条件的限制，盐场在市场竞争中常处于劣势。但史奇刚一心扑在盐场上，时时关心天气的变化、原盐的质量、盐田的建设、盐场的发展，迎接各种困难和挑战。由于工作出色，为人勤恳，他先后五次被评为县级先进工作者和优秀党员。被认定为国家级非物质文化遗产项目代表性传承人后，史奇刚表示一方面要继续从事盐业生产，另一方面要进一步传承海盐晒制技艺，为千古盐田银滩再写新篇。

史奇刚传承谱系：

罗有福，光绪年间人，1890年前后生，金星下塘人，家有盐滩，灰晒制盐代表人物。

罗东桂，生于1919年，罗有福之子，金星下塘人，师从其父。

鲍仁茂，生于1931年，金星下塘人，师从罗有福、罗东桂。

史奇刚，生于1959年，新桥石柱外村人，师从鲍仁茂。

严纪鳌、章金水　民国时期玉泉场区盐民，当地著名盐民首领，有高超的制盐技艺。1946年，严纪鳌等12人发起成立玉泉场盐民生产合作社，后停办。1947年，章金水为玉泉场区盐民代表，在石浦存仁堂与场长赵可森谈判。严、张二人均为金东西、番东西盐区灰晒技艺代表人物。

朱仲前　象山县石浦金星人。新中国成立前为玉泉场盐民，1954年为下塘生产合作社盐民，1955年任石浦区金星乡金三社社长，浙江省人民委员会授予省劳动模范称号，1956年2月任金星光明盐（农）业合作社（为全省盐区17个高级社之一）社长。有丰富的晒盐制作经验，特别是灰晒技艺。新中国成立后积极组织盐民恢复盐业生产, 走合作化道路。

鲍仁茂 生于1931年, 金星下塘人。新中国成立后曾担任金星盐务所所长, 精通传统灰晒技艺。1976年, 新桥盐场建成后, 被聘为师傅, 指导新桥盐场晒盐工作。1988至1991年担任花岙盐场场长。

林彩褒 金星金鸡山人, 民间海盐晒制高手, 精通盐滩建设, 能凭目测、步弓安排盐坦, 制作的滩场光滑、平整。原慈溪庵东盐场及县内一些盐场均聘其为师傅, 指导盐场建设。熟悉传统灰晒技艺, 是玉泉场金东西、番东西一带著名盐场师傅。

方吉普、金阿祥、金杨照 1954年, 方吉普为光明(盐业)生产合作社盐民, 金阿祥为上塘(盐业)生产合作社盐民, 金杨照为上塘盐民生产合作社盐民。是年10月, 方吉普、金阿祥、朱仲前及缉私积极分子金杨照出席浙江省盐业生产劳模会。是年盐区有初级合作社三个, 方吉普、金阿祥、金杨照均为当地著名盐工, 精通传统的缸爿坦晒技艺。

徐凯华 生于1942年, 杉木洋村人。杉木洋盐场、白岩山盐场盐工, 白岩山盐场高产滩滩长。有一手晒盐技艺, 生产的盐洁白、味鲜, 滩田管理清爽、平滑, 深受好评。在2007年申报国家级非物质文化遗产项目时, 与同村老盐工努力发掘传统烧盐技艺, 搭草厂、建土溜、筑盐灶、制烧盐, 废寝忘食, 终于烧出好盐, 恢复传统技艺, 并带产品赴省参展, 获铜奖。后致力于烧盐技艺传承, 惜于2013年1月病逝。

象山晒盐技艺代表人物徐凯华

　　象山杉木洋村保留古代晒盐技艺至今。2008年用传统方法烧出盐砖、荆竹盐、撩生盐，参加浙江省非物质文化遗产展览。当地近代晒盐技艺传承谱系如下：

20世纪30至50年代	徐木声（生于约1900年）
	徐烨青（生于约1912年）
20世纪50至70年代	徐福林（生于1929年）
	徐忠根（生于1929年）
20世纪80年代至今	徐凯华（生于1942年）
	徐福全（生于1947年）

大徐镇"盐文化"建设座谈会

深入杉木洋村田野调查

采访杉木洋村老盐民

在昌国卫调查采访

[贰]晒盐技艺的保护与传承

象山晒盐历史悠久，区域广阔，而且持续至今，可谓经久不衰。新中国成立以后，象山充分利用海洋资源发展盐业生产，开辟了白岩山盐场、新桥盐场、旦门盐场、昌国盐场、花岙盐场五大盐场，并保留了传统的金星盐场、番头盐场、杉木洋盐场等。1992年，全县各场盐业生产面积1327.43公顷，产盐67529吨，创历史新高，占宁波市总产量的38.5%，跃居全市首位，成为浙江省三大产盐县之一。

"靠山吃山，靠海吃海"，象山是浙江省盐业资源开发较早的地区之一。千余年来，象山盐民纳潮制卤、熬海煮盐，为广大人民生产了食盐这一物质财富的同时，也创造了盐文化这一非物质文化遗产，其中的海盐制作技艺是广大盐民千百年劳动智慧的结晶、生产经验的总结、盐业文化的精华。

金星盐民座谈会

　　盐业生产是一门科学，海盐必须通过蒸发和结晶才能获得。过去，人们只能通过手工劳动，以海水为原料，以"盐泥"和"灰土"吸盐，以"淋"、"泼"等法制卤，然后通过火煎和日晒、风刮等方式结晶，制成各种成品盐。十几道工序，漫长的生产过程，其间对气象、潮流规律的认识，对卤汁盐度的测定，对盐卤浓缩结晶的把握，决非等闲易事，也是一项宝贵的文化遗产。

新桥盐场实地采访

盐司庙调查

　　2005年以来，象山文化广电新闻出版局组织人员对传统晒盐技艺进行了广泛的田野调查，发现这一延续千年的传统生产技艺正

国务院公布、文化部颁发的国家级非物质文化遗产证书

濒临消亡, 主要有以下原因。

第一, 传统的手工劳作已无法适应时代变迁和社会进步。传统晒盐, 劳动强度大, 设备简陋, 成本高, 逐步被较为先进的晒盐技术所取代。新中国成立后, 盐业生产进行多次改革, 引进新设备、新技术, 机械化程度大大提高, 劳动条件大为改善, 但在某种程度上对传统手工制盐技艺形成挑战, 造成传承的困难。

第二, 传统晒盐技艺赖以生存的盐业场所正在萎缩、减少。20世纪60至80年代初, 象山盐业产区不断扩大。但实行家庭联产承包责任制后, 许多老盐区废盐转业, 办起了养殖场、育苗场、冷冻厂, 盐业生产区域逐渐减少。20世纪90年代至21世纪初, 随着工业经济的发展, 许多盐场成为工业用地, 盐民转业。象山县原有的金星盐场、番头盐场等早已改为工业用地, 著名的白岩山盐场、昌国盐场也建成了工业园区。目前象山尚保留新桥盐场、花岙盐场和旦门盐场部分, 盐业产区的缩小对晒盐技艺的传承造成不利影响。

第三, 掌握传统晒盐技艺的老一辈盐业劳动者、行家正在老化、消亡。象山是浙江各大盐区中尚且保留传统制盐技艺的极少数地区之一。象山杉木洋村有近千年煮盐历史, 20世纪50年代, 该村还保留了一整套煮盐设施和煮盐技艺。2007年田野调查后, 该村一批老盐工(六七十岁)在八十多岁徐姓盐工的指导下, 筑灶煮盐, 烧出了传统的盐砖、撩生盐、荆竹盐, 参加浙江省非物质文化遗产展览,获得铜奖。但时至2012年,当年六七十岁的盐工已是七八十岁的老人,煮盐技艺传承岌岌可危。象山金星、番头、中泥等地是灰晒技艺保留地,20世纪60至70年代,有一大批掌握灰晒技艺的盐工。但是随着废盐改业,一批盐工转而从事其他行业,更多的年岁增大,陆续辞世,灰晒技艺濒临失传。晒盐技艺正面临着人才断层、无人传承的境地。

鉴于上述情况,象山文化部门对晒盐技艺进行抢救性挖掘,并申报非物质文化遗产保护项目。2007年6月,浙江省文化厅及省非物质文化遗产名录评审委员会通过专家认证和审核,推荐申报第二批国家级非物质文化遗产名录。2008年,海盐晒制技艺被列入第二批国家级非物质文化遗产名录。

晒盐技艺既是一门科学,又是一项非物质文化遗产。为了做好对这门技艺的保护、传承工作,象山在新桥盐场建立了"日晒海盐技艺体验区",重建作坊,挖掘技艺,并在石浦渔港古城开设晒盐技艺陈列室,促进晒盐技艺的保护与传承。

一、建立新桥盐场"日晒海盐技艺体验区"

日晒海盐技艺体验区位于象山县新桥盐场内,南至七林湾村外公路,西至高湾水库老塘坝,北至咸山湾农排淡河,东至盐场养殖区,有1800多亩盐田,18副单元盐滩。内有纳潮河、高沟(渠道)、盐格(低、中、高级蒸发滩)、结晶区、仰天卤池、地下卤池、排淡河等

新桥盐场日晒海盐技艺体验区

制盐设施及黑薄膜等制盐工具。黑膜滩晒传承自清末的象山缸爿坦晒，而缸爿坦晒又传承自明代的晒灰制卤，既与传统晒盐技艺一脉相承，又与时俱进地改进了工艺设备。

开闸纳潮

纳潮　在潮位高时开启闸门，把海水引入盐场纳潮河，海水成为制盐的原材料。然后又通过高沟（渠道），将海水引入盐滩。

蒸发 盐滩分成12格，称为盐格。一副盐滩大约100亩左右。海水先引入1至3格盐格，为低级蒸发滩，制成盐卤后放入仰天卤水池中；然后把卤水引入4至9格盐格，逐格进行蒸发，谓中级蒸发。

开启电闸，用抽水机抽水

为盐田放水

结晶 饱和卤水约为25波美度，进入结晶区，即盐格的10至12格，为高级蒸发区。25度卤水引入地下卤池保藏，防止被雨水冲淡。10至12格盐滩铺黑膜，俗称"黑膜滩"，是传统缸片滩的演变，是材料的改变、技艺的进步，一旦下雨，只要收起两边黑膜各三分之一，即可遮蔽中间黑膜上的卤水，省工、保卤十分方便。

旋卤打花 当卤水达到一定浓度时开始结晶，用一根草绳以顺时针（或逆时针）方向在盐格中旋转一圈，搅动卤水，形成波浪，这样可提高产量和质量，使盐颗粒变细，盐卤均匀。一般15至20分钟打花一次，随着温度降低，30至45分钟打一次。卤水新鲜，打得密一点，老卤打得疏一点；天热打得密一点，天冷打得疏一点。

收盐 天热旺季，一日一次；淡季，二至三日一次。

测量卤度

扫盐

耙盐

挑盐上坨

上坨 坨指盐坨，即盐堆。一副盐滩堆6至8坨，一坨盐有70至100吨。

体验区可以参观、操作、互动，了解整个制盐流程，体验盐工劳作的辛苦及海盐收获的喜悦。

二、重建盐作坊，发掘煮盐技艺

煮盐技艺是中国最古老的制盐技艺，从夙沙氏煮海为盐的传说算起，已有几千年历史。象山县杉木洋村盐民一直传承着祖先的煮盐技艺，2008年，在发掘非物质文化遗产时，一批老盐工恢复传统煮盐流程，重现几千年前煎煮海盐的情景，让人大开眼界。除建

风雨之前保卤

滩、刮泥两道工序因受场地等多种条件限制未能复原外,其余大都复原展现。

灶舍　用稻草搭成的茅屋,作为烧盐工场。

漏碗　又称"熘",制卤设施。泥土夯实制成圆形,底陷,呈锅底状,下铺竹管,可引卤水,上铺竹木,竹木之上可垒盐泥,盐泥之上铺以稻草,浇海水以淋卤。

卤缸　在漏碗引出竹管之下,可盛盐卤。

石莲测卤　旧时测卤浓度的工具。采用普通石莲10颗,如果3至4颗石莲同时浮起,卤水浓度为22波美度;浮5颗,卤最浓;浮2

渔港古城晒盐技艺陈列之一

渔港古城晒盐技艺陈列之二

颗,浓度为17波美度;只浮起1颗,浓度只有12波美度;莲沉于底,则浓度更低。浮2颗及以下者不能煎盐。

盐灶 采用明清传统盐灶样式,用泥垒成,不用一块砖石。一灶四镬,灶口处一镬,然后火分两支入灶膛,中间为两镬,两支火汇于灶尾,灶尾一镬。

2008年、2009年,来自沪、杭、甬等地的参观者身临现场,感受到了传统煮盐技艺的魅力。

三、建立石浦渔港古城晒盐技艺陈列室

杉木洋村"盐文化节"活动

　　为了展现象山"晒盐技艺"非物质文化遗产，石浦渔港古城开辟了晒盐技艺陈列室，收藏、陈列晒盐的各类工具及相关图片、模型，用现代声光技术模拟晒盐场景。

　　四、"盐文化节"活动

　　为传承晒盐文化，古盐村杉木洋村于2008年举办"盐文化节"，在县文化广电新闻出版局及大徐镇政府的支持下，进行盐文化图片实物展览、煮盐技艺现场操作、盐熬菩萨瞻仰、晚会演出等活动。象山晒盐文化得到了宣传和重现，备受好评。

后 记

　　2007年，象山海盐晒制技艺申报第二批国家级非物质文化遗产名录。2008年，国务院公布象山海盐晒制技艺列入第二批国家级非物质文化遗产名录。《象山海盐晒制技艺》有幸列入"浙江省非物质文化遗产代表作"丛书，得到了有史以来从未有过的重视。

　　宋代大词人柳永曾任明州府（今宁波市）晓峰盐场监盐官，他一生写过许多风花雪月的篇章，但《煮海歌》却唱出了盐民的悲声："年年春夏潮盈浦，潮退刮泥成岛屿，风干日暴咸味加，如灌潮波增成卤。"诗歌不仅反映了"煮海之民"的劳作艰辛，而且真实地再现了宋代浙东盐民"刮泥淋卤"的制盐场景。延至元、明，这种制盐工艺又发展为"滩灰淋卤"的技术，到清代又出现了板晒之法、缸爿坦晒之法。民国时期，象山盐民烧煮之法、板晒之法、缸爿坦晒之法并存，形成了"北（象北）烧煮，南（象南）灰晒"的格局。新中国成立后，灰滩晒法逐步改进，从流枝滩到平滩（缸爿坦、缸砖坦等），再到黑膜滩，象山晒盐技艺与时俱进，走向现代化操作。

　　值得庆幸的是，象山杉木洋村和金星、番头等老盐区的盐民作为北、南两片代表，仍保留着古代的烧盐技艺和灰晒技艺，他们发掘、重现了当年制盐的设施和情景，还发掘出一大批盐民信仰、习俗、语言、文学等非物质文化遗产以及尚存的遗迹、遗址。这些文化的汇集，充分反映了象山海盐文化悠久的历史和丰厚的底蕴。

　　象山海盐晒制技艺是濒临消亡的古代制盐技艺，是古代盐民生产经验的总结，也是劳动智慧的结晶。《象山海盐晒制技艺》一书希望努力保存这种"非遗"文化，得其一二，心亦足矣！在撰写本书过程中，得到了象山县文化广电新闻出版局任先顺、吴健局长的支持，徐能海、蒋卫扬、陈朝晖、邵鹏、张则火、史奇刚、张艳、张颖等同志的帮助，杉木洋的徐凯华、徐万贵、徐烨耀及金星的许多盐民也为我提供了不少材料。书稿完成后，省"非遗"专家林敏先生认真审稿，提出了中肯的修改意见，在这里一并表示感谢。

2013年2月

责任编辑：张　宇
装帧设计：任惠安
责任校对：朱晓波
责任印制：朱圣学

装帧顾问：张　望

图书在版编目（ＣＩＰ）数据

象山海盐晒制技艺 / 张利民编著. －－ 杭州：浙江
摄影出版社, 2014.11（2023.1重印）
（浙江省非物质文化遗产代表作丛书 / 金兴盛主编）
ISBN 978－7－5514－0750－2

Ⅰ.①象… Ⅱ.①张… Ⅲ.①海盐－滩晒制盐－象山
县 Ⅳ.①TS343

中国版本图书馆CIP数据核字（2014）第223607号

象山海盐晒制技艺

张利民　编著

全国百佳图书出版单位
浙江摄影出版社出版发行
　　　　地址：杭州市体育场路347号
　　　　邮编：310006
　　　　网址：www.photo.zjcb.com
制版：浙江新华图文制作有限公司
印刷：廊坊市印艺阁数字科技有限公司
开本：960mm×1270mm　1/32
印张：5.875
2014年11月第1版　2023年1月第2次印刷
ISBN 978－7－5514－0750－2
定价：47.00元